国产大容量护环应用性能研究

任涛林　王辉亭　丁　宇等　著

科学出版社

北　京

内 容 简 介

　　本书介绍了 600MW 汽轮发电机护环的整体解剖方案，并详细地叙述护环的基本性能，以及经过不同热处理工艺后的金相、硬度、拉伸、压缩、疲劳和断裂等性能。本书取得的试验数据，对于掌握大容量护环常规力学性能、热装配后的性能变化和优化护环的生产工艺等有着重要的应用价值和理论意义。

　　本书可供护环的生产、制造及检验等技术人员，以及高等院校和科研院所金属材料及其相关专业的教师和学生阅读参考。

图书在版编目（CIP）数据

国产大容量护环应用性能研究 / 任涛林等著. —北京：科学出版社，2019.11

　ISBN 978-7-03-062911-1

　Ⅰ. ①国⋯　Ⅱ. ①任⋯　Ⅲ. ①护环-性能-研究　Ⅳ. ①TM303.2

中国版本图书馆 CIP 数据核字（2019）第 250954 号

责任编辑：姜　红　韩海童 / 责任校对：赵桂芬
责任印制：吴兆东 / 封面设计：无极书装

科 学 出 版 社 出版
北京东黄城根北街 16 号
邮政编码：100717
http://www.sciencep.com

北京九州迅驰传媒文化有限公司 印刷
科学出版社发行　各地新华书店经销
*

2019 年 11 月第　一　版　　开本：720×1000　1/16
2020 年 1 月第二次印刷　　印张：10 1/2
字数：211 000
定价：99.00 元
（如有印装质量问题，我社负责调换）

作 者 简 介

任涛林 男，1981 年出生，工学博士，高级工程师，2009～2010 年美国密歇根州立大学联合培养博士，2011 年于哈尔滨工业大学材料加工工程专业博士毕业，长期从事服务机器人研发、发电机和水轮机关键部件材料研究等工作。发表论文 12 篇，申请国家发明专利 12 项（授权 3 项），参与制定 IEC（国际电工委员会）标准 1 项、国家标准 5 项。现担任 IEC TC65 WG23 成员、ISO TC184 SC5 WG14 成员、SAC TC124 SC4 委员，工业互联网产业联盟技术标准组副主席，曾担任国内核心期刊《大电机技术》第十一届编委和审稿人。电子邮箱：waveforest@163.com。

王辉亭 男，1974 年出生，工学硕士，哈尔滨电机厂有限公司高级工程师，长期从事水轮机、水轮发电机和汽轮发电机材料的研发和应用研究工作。电子邮箱：wanght@hec-china.com。

丁 宇 男，1965 年出生，工学学士，德阳万鑫电站产品开发有限公司高级工程师，长期从事汽轮发电机护环锻件研发和制造工作。电子邮箱：13778220999@163.com。

吴双辉 男，1987 出生，工学硕士，工程师，2012 年于哈尔滨工业大学焊接技术与工程专业硕士毕业；发表论文 8 篇（其中 SCI 两篇，EI 检索中文期刊 1 篇，中文核心期刊 5 篇）；申请国家发明专利 2 项（已授权）；参与制定企业标准 10 余项；参与国家 863 计划项目 1 项；现从事水轮机、水轮发电机和汽轮发电机材料的研发和应用研究工作。电子邮箱：hitwsh2011@126.com。

朱立祥 男，1970 年出生，工学硕士，德阳万鑫电站产品开发有限公司高级工程师，长期从事汽轮发电机护环锻件研发和制造工作。电子邮箱：mail@dywanxin.com。

前　　言

　　护环是汽轮发电机上的关键受力部件，在高应力、强磁场、一定温度和腐蚀的工况下服役，目前我国使用的 600MW 级以上的大容量护环大部分由德国和日本厂商生产，使用的检测标准也基本上是由国外标准直接转化得到的。为了对制定护环的检测标准提供充足的试验数据和理论基础，并优化护环的生产工艺，有必要对 600MW 级护环进行整体解剖，从而掌握大容量护环常规组织和力学性能、不同热处理工艺后的组织、力学性能、疲劳性能和准静态断裂韧性。

　　本书是国内首部对国产大容量护环进行整体解剖和试验研究的学术著作。本书内容充分聚焦实际生产中遇到的问题，如第 5 章中关于不同热处理工艺对力学性能和组织的影响，是针对实际热装配过程中出现的问题而进行的试验；第 6、9章中进行的高温低周和室温高周疲劳、高温和室温断裂韧性则是考虑护环在复杂环境中的疲劳性能和断裂韧性变化规律进行的试验；第 7 章腐蚀状态下的试验，研究了护环长期在腐蚀环境服役过程中的力学性能和微观组织变化规律；第 4 章中进行的铸态和锻态奥氏体不锈钢热压缩试验，则既兼顾了理论问题，又考虑了一定的实际应用背景。

　　本书第 1 章的 1.1 节、1.2.1 节～1.2.2 节和 1.3 节～1.9 节，第 2 章，第 4 章，第 5 章和第 7 章由任涛林撰写；1.2.3 节由丁宇和朱立祥撰写；第 3 章、第 6 章、第 8 章和第 9 章由任涛林、王辉亭和吴双辉共同撰写；前言、附录由任涛林撰写；后记部分由王辉亭和任涛林撰写；全书由任涛林统稿，并由任涛林和吴双辉完成修改。

　　本书的出版得到了众多专家、老师和同事的指导和帮助。哈尔滨电机厂有限责任公司教授级高级工程师李正审阅了本书的全部章节，并提出了大量的建议和意见；李景博士也审阅了部分章节；教授级高级工程师吴英和教授级高级工程师过洁对本书的试验方案给予大量的指导和宝贵建议；教授级高级工程师王波、高级工程师文道维和刘昱光对本书出版工作提供了大量的帮助，在此表示谢意。哈尔滨工业大学分析测试中心的高级工程师张宝友对背散射衍射试验提供了大量的帮助；哈尔滨理工大学教授曹国剑，哈尔滨工业大学副教授杨丽、副教授范国华和张星梅老师对透射电子显微镜试验提供了大量的帮助；水力发电设备国家重点实验室材料研究室和哈尔滨电机厂有限责任公司质量检验部的部分同志协助作者进行了大量的试验，在此表示衷心的感谢。哈尔滨工业大学教授黄陆军和天津大学副教授杨天智对本书内容提出很多建议，对此表示由衷谢意。最后衷心地感谢国家 863 计划项目"先进超超临界火电机组关键叶片和护环钢开发"（项目编号：2012AA30A502）对本书中试验项目的资助，以及德阳万鑫电站产品开发有限公司对本书出版提供的资助。

　　由于作者水平和专业知识有限，书中不足之处在所难免，敬请广大读者批评指正。

任涛林

2019 年 6 月

目　　录

前言

第1章　绪论 ……………………………………………………………… 1

　1.1　引言 ………………………………………………………………… 1

　1.2　国内外护环的现状 ………………………………………………… 1

　　1.2.1　奥氏体不锈钢简介 …………………………………………… 1

　　1.2.2　护环用材料的发展历史 ……………………………………… 3

　　1.2.3　护环的锻造和热处理工艺流程 ……………………………… 4

　　1.2.4　国内外大容量护环成型方法简介 …………………………… 5

　1.3　护环用钢电渣重熔技术应用发展 ………………………………… 10

　1.4　电子背散射衍射技术的应用 ……………………………………… 11

　1.5　金属构件的疲劳 …………………………………………………… 12

　1.6　金属构件的断裂韧性 ……………………………………………… 14

　1.7　护环的应力腐蚀 …………………………………………………… 16

　　1.7.1　国内外典型的应力腐蚀事故 ………………………………… 16

　　1.7.2　护环应力腐蚀裂纹成因 ……………………………………… 17

　　1.7.3　护环应力腐蚀裂纹的微观特征 ……………………………… 18

　1.8　本书主要内容 ……………………………………………………… 19

　参考文献 ………………………………………………………………… 19

第2章　600MW级护环性能及组织分析试验方法 …………………… 22

　2.1　引言 ………………………………………………………………… 22

　2.2　600MW级护环常规性能检测试验方法 ………………………… 22

　2.3　600MW级护环材料成分和组织分析试验方法 ………………… 29

　2.4　本章小结 …………………………………………………………… 30

　参考文献 ………………………………………………………………… 30

第3章　600MW级护环原始组织和基本性能研究 …………………… 31

　3.1　引言 ………………………………………………………………… 31

　3.2　600MW级护环解剖方案 ………………………………………… 31

　3.3　600MW级护环化学成分与原始组织分析研究 ………………… 32

　3.4　600MW级护环组织和力学性能分析研究 ……………………… 35

  3.5 600MW 级护环其他性能分析研究 ··· 42

  3.6 本章小结 ··· 43

  参考文献 ··· 43

第 4 章 铸态和锻态 1Mn18Cr18N 奥氏体不锈钢热压缩行为研究 ·········· 44

  4.1 引言 ··· 44

  4.2 铸态 1Mn18Cr18N 奥氏体不锈钢的热压缩行为 ······························· 45

    4.2.1 铸态 1Mn18Cr18N 奥氏体不锈钢的应力-应变曲线及高温流变应力模型 ····· 45

    4.2.2 不同应变速率对微观组织的影响 ······································· 48

    4.2.3 不同变形温度对微观组织的影响 ······································· 49

    4.2.4 铸态 1Mn18Cr18N 奥氏体不锈钢的热变形组织演变分析 ········· 50

  4.3 锻态 1Mn18Cr18N 奥氏体不锈钢的热压缩行为 ······························· 54

    4.3.1 锻态 1Mn18Cr18N 奥氏体不锈钢的应力-应变曲线及高温流变应力模型 ····· 54

    4.3.2 不同应变速率对微观组织的影响 ······································· 57

    4.3.3 不同变形温度对微观组织的影响 ······································· 58

    4.3.4 锻态 1Mn18Cr18N 奥氏体不锈钢的热变形组织演变分析 ········· 60

  4.4 本章小结 ··· 64

  参考文献 ··· 65

第 5 章 不同热处理工艺对 1Mn18Cr18N 奥氏体不锈钢组织和力学性能的
    影响 ··· 66

  5.1 引言 ··· 66

  5.2 不同退火温度对 1Mn18Cr18N 奥氏体不锈钢组织和力学性能的影响 ····· 67

  5.3 等温析出过程对 1Mn18Cr18N 奥氏体不锈钢组织和力学性能的影响 ····· 79

  5.4 本章小结 ··· 83

  参考文献 ··· 84

第 6 章 1Mn18Cr18N 奥氏体不锈钢室温高周疲劳和高温低周疲劳试验
    研究 ··· 85

  6.1 引言 ··· 85

  6.2 1Mn18Cr18N 奥氏体不锈钢室温高周疲劳试验研究 ························· 85

  6.3 1Mn18Cr18N 奥氏体不锈钢高温 100℃低周疲劳试验研究 ············· 90

    6.3.1 1Mn18Cr18N 奥氏体不锈钢高温 100℃低周疲劳试验 ··········· 91

    6.3.2 1Mn18Cr18N 奥氏体不锈钢高温 100℃低周疲劳试验数据分析 ····· 93

    6.3.3 1Mn18Cr18N 奥氏体不锈钢高温 100℃低周疲劳断口形貌研究 ···· 107

  6.4 本章小结 ··· 112

  参考文献 ··· 112

第7章　腐蚀环境对1Mn18Cr18N奥氏体不锈钢组织和力学性能的影响······ 114

7.1　引言 ······ 114

7.2　室温下1Mn18Cr18N奥氏体不锈钢应力腐蚀试验研究 ······ 114

7.2.1　加载应力为590MPa的1Mn18Cr18N奥氏体不锈钢应力腐蚀试验 ······ 114

7.2.2　加载应力为700MPa的1Mn18Cr18N奥氏体不锈钢应力腐蚀试验 ······ 115

7.2.3　100℃下3.5%NaCl溶液的1Mn18Cr18N奥氏体不锈钢应力腐蚀试验 ······ 120

7.3　预腐蚀对1Mn18Cr18N奥氏体不锈钢力学性能的影响 ······ 120

7.3.1　预腐蚀对1Mn18Cr18N奥氏体不锈钢疲劳性能的影响 ······ 120

7.3.2　预腐蚀对1Mn18Cr18N奥氏体不锈钢常规力学性能的影响 ······ 124

7.4　本章小结 ······ 125

参考文献 ······ 126

第8章　1Mn18Cr18N奥氏体不锈钢室温和高温拉伸行为研究 ······ 127

8.1　引言 ······ 127

8.2　1Mn18Cr18N奥氏体不锈钢室温原位拉伸试验研究 ······ 127

8.3　1Mn18Cr18N奥氏体不锈钢高温原位拉伸试验研究 ······ 130

8.3.1　100℃下1Mn18Cr18N奥氏体不锈钢原位拉伸试验研究 ······ 130

8.3.2　600℃下1Mn18Cr18N奥氏体不锈钢原位拉伸试验研究 ······ 132

8.4　1Mn18Cr18N奥氏体不锈钢高温拉伸试验研究 ······ 135

8.4.1　1Mn18Cr18N奥氏体不锈钢高温拉伸试样断口形貌研究 ······ 135

8.4.2　1Mn18Cr18N奥氏体不锈钢高温拉伸试样力学性能研究 ······ 137

8.4.3　1Mn18Cr18N奥氏体不锈钢高温拉伸试样微观组织研究 ······ 138

8.5　本章小结 ······ 142

参考文献 ······ 142

第9章　1Mn18Cr18N奥氏体不锈钢准静态断裂韧性研究 ······ 144

9.1　引言 ······ 144

9.2　1Mn18Cr18N奥氏体不锈钢准静态断裂韧性试验 ······ 145

9.3　1Mn18Cr18N奥氏体不锈钢准静态断裂韧性断口形貌研究 ······ 150

9.4　本章小结 ······ 154

参考文献 ······ 154

附录 ······ 155

后记 ······ 157

第1章　绪　　论

1.1　引　　言

护环是发电机上关键的金属环状受力部件,作用是保护电机转子两端的线圈在离心力的作用下不向外飞逸。护环被热装在转子上,除了受线圈和自身的离心力作用,还受热装应力的作用,它应力很高,如200MW护环设计应力为500MPa,600MW护环设计应力为700MPa,它承受的离心力能达到屈服强度的60%~80%,而且随着发电机转速的增加其离心力还在不断地增加。护环是在强磁、潮湿的腐蚀介质中工作,所以很容易引起应力腐蚀开裂[1]。为了减少线圈电流损失和防止工作温度过高,大容量机组的护环都采用稳定性良好的无磁性钢制造,国内外都采用 Mn-Cr、Mn-Ni-Cr系的钢种。图1-1为护环零件实物照片和装配好的汽轮发电机转子照片。

（a）护环零件实物照片　　　　　　　（b）装配好的汽轮发电机转子照片

图 1-1　护环装配照片

1.2　国内外护环的现状

1.2.1　奥氏体不锈钢简介

奥氏体（英文名称:austenite,字母代号:A、γ）,具有面心立方（face centered cubic,FCC）结构,是指碳及各种化学元素在γ-Fe中形成的固溶体。γ-Fe 的八面

体间隙为 $0.51×10^{-8}$cm，略小于碳原子半径 $0.86×10^{-8}$cm，它的溶碳能力比 α-Fe 大，在 727℃时其碳的溶解度（质量分数）为 0.77%，随着温度升高，碳的溶解度逐渐增加，在 1148℃时，碳在奥氏体中的最大溶解度（质量分数）为 2.11%。

奥氏体的存在具有一定的温度和成分范围，将一定的合金元素加入奥氏体中可以扩大或缩小奥氏体稳定区的温度和成分区间。例如，加入锰、镍等合金元素能将奥氏体临界转变温度降至室温以下，使钢在室温下具有稳定的奥氏体组织。奥氏体是一种塑性较好、强度较低、导热性差、无铁磁性的固溶体。表 1-1 为合金元素对奥氏体不锈钢性能的影响[2-12]。

表 1-1　合金元素对奥氏体不锈钢性能的影响

元素	影响
氮（N）	氮作为固溶强化元素可以在提高奥氏体不锈钢强度的同时，并不明显地降低钢的塑性和韧性，原因在于氮减少奥氏体中密排不全位错，限制含间隙杂质原子团的 Splintered 位错运动。例如对于 316L 而言，当氮的质量分数由 0.04%增加到 0.1%时，屈服强度提高 20%、抗拉强度提高 14%、晶粒尺寸由 100μm 降至 47μm，而延伸率无明显变化。对于 1Cr17Mn9Ni4N 而言，仅加入 0.15%（质量分数）的氮，就能显著增加该材料的强度，并且氮的质量分数每增加 0.01%，室温温度可以提高约 5MPa，且塑性基本没有变化。氮还可以提高奥氏体不锈钢的耐腐蚀性能，然而当奥氏体钢中氮的质量分数超出一定值时，会析出不连续网状的 Cr_2N，这些析出物会降低奥氏体不锈钢的力学性能和耐腐蚀能力；同时氮会降低奥氏体不锈钢的低温韧性，使材料在较低温度下出现脆性断裂
碳（C）	碳的作用主要表现在两方面：①它是奥氏体的稳定元素，作用相当于镍的 30 倍；②由于碳和铬的结合力很强，它与铬可以形成一系列复杂的碳化物，当铬的质量分数小于 10%时，主要是渗碳体性碳化物 $(Fe,Cr)_3C$；在高铬钢中则形成复杂的碳化物 $(Cr,Fe)_7C_3$ 或 $(Cr,Fe)_{23}C_6$。这些碳化物以链条状分布在奥氏体晶界上，从而形成晶内的贫铬区域，引起材料的晶间腐蚀，在变形过程中，很容易产生应力集中，导致裂纹的形核，从而造成奥氏体不锈钢塑性的降低
锰（Mn）	锰是比较弱的奥氏体形成元素，但具有强烈稳定奥氏体组织的作用。高锰含量使奥氏体钢具有顺磁性。在高氮奥氏体不锈钢中锰元素的主要作用是提高氮在钢中的溶解度，同时提高不锈钢的力学性能
铬（Cr）	铬作为奥氏体不锈钢中最主要的合金元素，可以显著提高材料的耐腐蚀性能，促进钢的钝化，并使钢保持稳定的钝化状态。然而当氮含量高时，高氮奥氏体不锈钢中的铬会与氮结合形成 CrN、Cr_2N 等化合物；当碳含量高时，铬还会与碳形成 $Cr_{23}C_6$ 等碳化物。这些金属间化合物或碳氮化合物的析出相将显著的降低材料的耐蚀性能和力学性能，但可以通过一定方式的热处理消除
镍（Ni）	镍是主要的奥氏体形成元素，能增强钢的抗腐蚀能力并减缓在加热时晶粒的长大速度
硅（Si）	硅是一种抑制奥氏体形成元素，在不锈钢冶炼中常为杂质元素。硅可以增强奥氏体不锈钢对氮化物的抗腐蚀性能；同时一定含量的硅有利于提高钢的抗拉强度、屈服强度和冲击功等力学性能；但是硅会使钢较为容易磁化，促进脱碳
钼（Mo）	钼是铁素体形成元素，具有细化晶粒作用，可以提高钢的屈服强度、抗拉强度和硬度，但是会降低延伸率、断面收缩率和冲击功；可以提高铬、镍不锈钢的抗晶间腐蚀能力；钼含量较高时，会形成 σ、χ 和 Laves 等析出物，影响钢的韧塑性和耐蚀性能

奥氏体不锈钢不能通过热处理细化晶粒，因此有必要介绍奥氏体不锈钢晶粒尺度的变化因素。如图 1-2 所示。

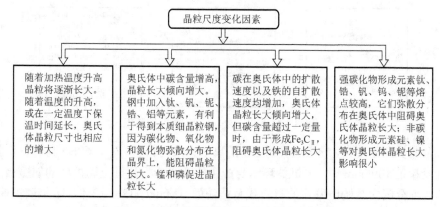

图 1-2 奥氏体不锈钢晶粒尺度的变化因素

与其他的不锈钢相比，奥氏体不锈钢在加工过程中具有以下特点：①易于焊接而且不会在焊接过程中发生相变，焊接接头具有良好的塑性，氢脆敏感性低；②容易产生焊接裂纹、晶间腐蚀，容易出现较大的焊接应力和变形[13]；③奥氏体不锈钢属于难加工材料，切削力大，加工硬化现象严重，切削过程中奥氏体不锈钢在高温高压下易与刀具材料产生亲和作用，容易形成积屑瘤，从而造成刀具的黏结磨损，加之导热性差，因此切削区的局部温度会变高[14]。

1.2.2 护环用材料的发展历史

国内外火电站和核电站的发电机组所使用的护环锻件大多使用 50Mn18Cr4 和 50Mn18Cr4WN 系列钢，这种钢的强度、塑性、导磁和金相都可以满足设计要求，但是随着护环服役期的增长，其抗应力腐蚀能力变差。1Mn18Cr18N（简称 18-18 型）是继 50Mn18Cr4WN 之后开发的一种具有更高的强度同时兼具有抗应力腐蚀能力强的新型护环钢，1Mn18Cr18N 护环钢材料是一种无磁性的单相奥氏体，具有面心立方结构，层错能较低，不易发生交滑移，大应变条件下不易发生位错的缠结[1]。德国克虏伯股份公司于 1980 年率先采用此钢种生产出了外径为 1330mm 的试验护环，此后该钢种在世界上被广泛采用，之后又开发了 1Mn18Cr18N 系列钢种；德国 VSG 公司分别于 1975 年、1981 年和 1996 年成功研制了护环用钢 P900（18Cr-18Mn-0.6N）、P900-N（18Cr-18Mn-0.9N）和 P2000（16Cr-14Mn-3Mo-0.9N），目前护环用高氮钢已在发达国家得到广泛应用[5,15]，图 1-3 为 1Mn18Cr18N 系列钢的发展历程。中国在 20 世纪 70~80 年代中后期引进了该钢种并开始了试制工作[16]。目前生产护环的国内外厂家有：德国的蒂森克虏伯股份公司、埃森国际集团有限公司、VSG 公司，法国的勒克鲁索锻造公司，俄罗斯的乌拉尔机器厂股份公司，日本制钢所室兰制作所，中国的一重集团有限公司、第二重型机械集团公司和德阳万鑫电站开发有限公司等。

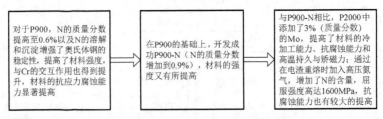

图 1-3　1Mn18Cr18N 系列钢的发展历程

　　金属护环密度大，导致旋转时 2/3 的离心力来自自重，对于 60Hz 高速发电机，当直径超过 1095mm 时，电机护环本身产生的离心力将超过金属护环的屈服极限。为此，部分国内高校研发新的材料代替传统的 1Mn18Cr18N 护环。哈尔滨工业大学研究了一种玻璃纤维复合材料的护环制备方法，需经过预处理，金属芯模的安装、缠绕和固化，该护环的抗拉强度为 1350MPa，密度为无磁钢的 1/4[17]。清华大学发明了一种新型的金属内衬复合材料护环，护环内层为金属内衬，外层为非金属纤维增强的复合材料增强层，复合材料增强层通过复合材料预浸料缠绕在金属内衬上，用固化、成型工艺使其与金属内衬固接在一起[18]。

1.2.3　护环的锻造和热处理工艺流程

　　1Mn18Cr18N 奥氏体不锈钢护环的生产工序为：炼钢→铸锭→锻造电极→电渣重熔→热锻制坯→机械加工→固溶热处理→变形强化→消除应力处理→消除裂纹→检测→加工交货。下面对以上工序进行简单的介绍，如图 1-4 所示。

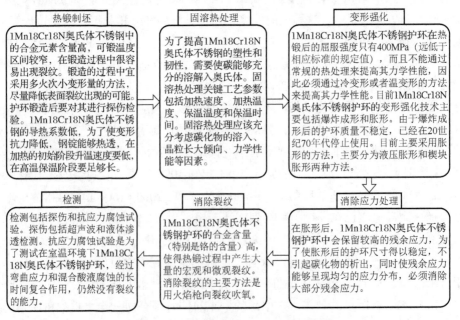

图 1-4　护环钢锻件生产工艺流程图[19-22]

1.2.4 国内外大容量护环成型方法简介

目前国内外大级别护环成型的方法主要是液压胀形强化、楔块扩孔冷变形强化。

液压胀形强化包括减力式液压胀形方法、外补液式液压胀形方法和全液压胀形方法。减力式液压胀形方法和全液压胀形方法均利用大型压机对预先放置在护环上下两端的锥形冲头施压，使护环里的液体产生高压从而完成护环的冷变形。而外补液式液压胀形方法则是利用高压水泵直接将高压液体传输到护环内使护环冷变形，上下锥形模具仅起密封液体的作用。

楔块扩孔冷变形强化则是通过带外锥形的冲头和与之配合的多块带内锥形的楔块把轴向力转换为径向压力并传导至护环内壁上，使护环平直往外扩张的变形。

如上所述，三种液压胀形强化方法虽有一些区别，但均具有同一圆上变形均匀及生产效率高的优点；缺点是需要很大吨位的压机，最主要的问题是轴向形状的控制较难，生产中可能是护环的尺寸与模具尺寸的匹配不当、模具密封的损坏及冷变形中护环开裂等因素使护环在轴向各处直径有较大差异，形成所谓的喇叭口和鼓肚护环，造成护环在轴向各处变形不均匀，各处的机械性能也随之有较大差异。喇叭口造成护环高度中间位置强度不足，而鼓肚则造成此位置塑韧性较低，但护环只检测两端的性能，不能发现上述性能的差异。如果没有效的修复手段，一些厂家则采用增加内外径加工余量的方法直接加工消除缺陷，过大的尺寸差异则只能报废或改制其他品种。这种护环在应用中存在较大的安全风险。图 1-5 为护环液压胀形图。

图 1-5 护环液压胀形图

"楔块扩孔冷变形强化"具有轴向形状及尺寸控制准确、省力的优点，正好克服了液压胀形强化方法的缺点；其缺点主要是生产效率较低。楔块扩孔冷变形强化图如图 1-6 所示。但相比液压式强化方法，楔块扩孔冷变形强化具有生产准备时间短、模具不易损坏、生产过程中不可预见和不可控制因素少的优点，使其生产可控性更强，部分克服了其生产效率低的缺点，加之其省力的优点，可能是日本、德国至今仍采用楔块扩孔冷变形强化方法的原因。

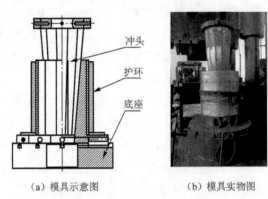

（a）模具示意图　　　　（b）模具实物图

图 1-6　楔块扩孔冷变形强化图

全液压胀形方法由于压制力较大，故国内外仅采用 65000t 和 40000t 压机生产护环。减力式液压胀形方法和外补液式液压胀形方法由于压制力较小得到了广泛的推广应用，尤其是减力式液压胀形方法不需要专用压机而且操作简单，中国德阳万鑫电站产品开发有限公司和各重机厂均采用此法全程冷扩中小型护环和变形初期冷扩大型护环；虽然日本对外补液式液压胀形方法已经做了大量研究，但由于需专用压机故国内仅沈阳重型机械集团有限责任公司和上海重型机器厂有限公司在采用外补液式液压胀形方法。

楔块扩孔方法由于压制力更小，且易于控制护环形状和变形量，故国内外大型护环的冷扩主要采用该方法，如中国的德阳万鑫电站产品开发有限公司、日本和德国的大部分护环生产厂家均使用该方法[23]。

国内外关于大容量汽轮发电机无磁性合金钢护环锻件有很多检测标准，如《汽轮发电机 Mn18Cr18N 无磁性护环锻件　技术条件》（JB/T 7030—2014）、《汽轮发电机无磁性合金钢护环锻件技术条件》（QHJ—600）和印度 BHEL600MW 护环《无磁性合金钢转子护环锻件》（HW19364）等，但是检测的类型相差不多。下面以哈尔滨电机厂有限责任公司使用的《汽轮发电机无磁性合金钢护环锻件技术条件》为例，简单地介绍一下护环检测的项目类型和内容，包括：化学成分、力学性能（其中拉伸试样取自护环两端的中环位置，相隔 90°各切取 4 个，直径 10mm，标距 L_0=50mm，拉伸试验温度为 95～105℃；冲击试样取自护环锻件两端的内环，相隔 90°各切取 4 个，采用 V 形缺口，缺口槽底平行于环轴线，槽口向着外圆，试验温度为 20～27℃）、磁导率、显微组织（晶粒度和金相组织）、无损检测（超声、液体渗透检测）、残余应力、应力腐蚀、尺寸和粗糙度检测[24]。

对几种主要标准各项要求列表进行对比，化学成分要求对比见表 1-2，机械性能要求对比见表 1-3，物理性能要求对比见表 1-4，探伤标准要求对比见表 1-5。

表 1-2　国内外标准对产品化学成分要求对比（质量分数）　　　单位：%

元素	标准					
	JB/T 7030—2014	QHJ—87Y	QHJ—600	PDS10725 BM-BS Rev	BHEL HW 19348 和 HTGG 600910	PD-Spec 10725B1-B8 和 TLV985 70-9385 77
C	≤0.12	≤0.10	≤0.10	≤0.12	≤0.10	≤0.10
Mn	17.50～20.00	17.50～20.00	17.50～20.00	17.50～20.00	17.50～20.00	17.50～20.00
Si	≤0.80	≤0.80	≤0.60	≤0.80	≤0.80	≤0.80
P	≤0.050	≤0.050	≤0.050	≤0.050	≤0.050	≤0.050
S	≤0.015	≤0.015	≤0.015	≤0.015	≤0.015	≤0.015
Cr	17.50～20.00	17.50～20.00	17.50～20.00	17.50～20.00	17.50～20.00	17.50～20.00
N	≥0.47	≥0.50	≥0.45	≥0.50	≥0.50	≥0.50
Al	≤0.030	≤0.020	≤0.030	≤0.020	≤0.025	≤0.025
B	≤0.001	—	—	—	—	—
Ni			—	—		1.0
Mo		参考值	—	参考值	—	—
W			—		—	—
V			—		≤0.15	≤0.15
As			—		—	
Bi	参考值		—		—	
Sn			—		—	
Pb			—		—	参考值
Sb			—		—	
Cu			—		—	
Ti			—		≤0.10	

表 1-3　国内外标准对产品机械性能要求对比

标准	要求						残余应力 σ_t/MPa
	级别	拉伸性能（95～105℃）				冲击功（20～27℃）	
		R_m/MPa	$R_{p0.2}$/MPa	A/%	Z/%	A_{KV}/J	
JB/T 7030—2014	7 级	≥1070	≥1070	≥13	≥52	≥68	—
	8 级	≥1140	≥1140	≥10	≥51	≥54	
	9 级	≥1170	≥1170	≥10	≥50	≥47	
	同一试环上 R_m 或 $R_{p0.2}$ 的波动值≤100MPa，供需双方各在锻件一端延长段上切取 2 个试环，在中环相隔 90°取 4 个拉伸试样，在内环相隔 90°取 4 个冲击试样 标准：ASTM A370—1997，GB/T 4338—1995						
QHJ—600	1. 锻件的力学性能符合需方图纸要求 2. 拉伸试验按 ASTM A370—1997 3. 冲击试验按 ASTM A370—1997，V 形冲击试样，类型 A 4. 同一试环上 R_m 或 $R_{p0.2}$ 的波动值≤50MPa 5. 取样按采购方图纸或按以下要求：供方在锻件延长段的两端取样，中环相隔 90°每端取 4 个拉力试样，内环相隔 90°每端取 4 个冲击试样；采购方在相当于钢锭下端的中环相隔 90°取 4 个拉力试样，内环相隔 90°取 4 个冲击试样						残余应力（试环） σ_t/MPa ≤88
PDS 10725 BM-BS Rev	级别	拉伸性能（95～105℃）				冲击功（20～27℃）	残余应力（外环） σ_t/MPa
		R_m/MPa	$R_{p0.2}$/MPa	A/%	Z/%	A_{KV}/J	
	10725 BR 级	≥1030	1030～1170	≥20	≥48	≥54	≤88.2
	1. 锻件的力学性能符合需方图纸要求 2. 拉伸试验按 ASTM A370—1997 3. 冲击试验按 ASTM A370—1997，V 形冲击试样，类型 A 4. 同一试环上 R_m 或 $R_{p0.2}$ 的波动值≤50MPa 5. 取样按采购方图纸或按以下要求：供方在锻件延长段的两端取样，中环相隔 90°每端取 4 个拉力试样，内环相隔 90°每端取 4 个冲击试样；采购方在相当于钢锭下端的中环相隔 90°取 4 个拉力试样，内环相隔 90°取 4 个冲击试样						
BHEL HW 19348	切向	拉伸性能（95～105℃）				冲击功（20～27℃）	残余应力 σ_t/MPa
		R_m/MPa	$R_{p0.2}$/MPa	A/%	Z/%	A_{KV}/J	
	中环切向	—	1200～1300	≥14	≥55	≥75	—
	内环切向	—	≥1050	≥18	≥53	≥80	
	1. 拉力和冲击试样均取自内环切向，室温，至少进行 1 根拉力和 3 个冲击试验，冲击功为 3 个试样的平均值 2. 应进行中环切向、径向拉力试验和径向冲击试验，但结果仅供参考						

续表

标准	要求						
	级别	拉伸性能（95～105℃）				冲击功（20～27℃）	残余应力 σ_i/MPa
		R_m/MPa	$R_{p0.2}$/MPa	A/%	Z/%	A_{KV}/J	
HTGG 600910	9103 级	1040～1240	≥1000	≥22	—	≥90	—
	9118 级	1170～1320	≥1150	≥18	—	≥75	
	9128 级	1250～1400	≥1250	≥16	—	≥70	
	1. 拉力试验和冲击试验温度均为室温 2. 拉力和冲击试样均取自中环，拉力试样至少 1 根，冲击试样至少 3 根 3. 供需双方共用试环 4. 拉力试验按 EN10002-1 进行，冲击试验按 EN10045-1 进行，夏比冲击 V 形 5. 冲击要求为 3 个试样的平均值，允许有 1 个结果值小于规定值，但不小于规定值的 70%							
PD-Spec 10725B1-B8 和 TLV985 70-9385 77	级别	拉伸性能（95～105℃）				冲击功（20～27℃）	残余应力 σ_i/MPa
		R_m/MPa	$R_{p0.2}$/MPa	A/%	Z/%	A_{KV}/J	
	6 级	≥1000	1000～1150	≥17	≥60	≥54	—
	7 级	≥1050	1050～1200	≥15	≥58	≥51	
	8 级	≥1100	1100～1250	≥12	≥58	≥50	

表 1-4 国内外标准对产品物理性能要求对比

标准	物理性能	
	磁导率	晶粒度
JB/T 7030—2014	在 100Oe（1Oe=79.5775A/m）下 μ_r≤1.05，供需双方在中环各取 1 个试样，按照 GB/T 3656—2018 规定检测	2 级或更细 径向-纵向截面 按 GB/T 6394—2017 测定
QHJ—600	在 200Oe 下 μ_r≤1.1，按 ASTM A342—1995 标准在中环取样，供需双方各取 1 个	ASTM 2 级或更细 径向-纵向截面 按 ASTME112—2013 测定
PDS 10725 BM-BS Rev	在 200Oe 下 μ_r≤1.1，按 ASTM A342—1995 标准在中环取样，供需双方各取 1 个	ASTM 1 级或更细 径向-纵向截面 按 ASTME112—2013 测定
PD-Spec 10725B1-B8 TLV985 70-9385 77	在 100Oe 下 μ_r≤1.05	ASTM 2 级或更细 径向-纵向截面 按 ASTME112—2013 测定

表 1-5　国内外探伤标准要求对比

标准	要求		
	超声波探伤		液体渗透（全表面）
	横波探伤（整个外圆）	纵波探伤（整个外圆两端面）	
JB/T 7030—2014 PDS 10725 BM-BS Rev	1. 不允许有超过 1/2 参考线的任何缺陷信号 2. 任意 100mm 宽的全圆周内，1/2 参考线与 1/4 参考线之间的缺陷信号不应超过 4 个，且任意相邻两缺陷之间的距离不应小于 50mm，当缺陷信号超过 4 个，应予以记录并经双方协商解决 3. V 形槽反射信号不能从噪声电平中区别出来的视为不合格	1. 不允许 ϕ >2mm 的缺陷存在，1.6mm< ϕ <2mm 的缺陷在任意 100mm 宽度的全圆周内应小于等于 4 个 2. 缺陷部位与材料完好部位比较，底波下降幅度>6dB 的视为不合格	表面不应有任何缺陷显示
QHJ—87Y QHJ—600	1. 不允许有超过 1/2 参考线的任何缺陷信号 2. 任意 100mm 宽的全圆周内，1/2 参考线与 1/4 参考线之间允许 4 个缺陷信号，但任意相邻两缺陷之间距≥50mm 3. V 形槽反射信号不能从噪声电平中区别出来的视为不合格	1. 不允许 ϕ ≥1.6mm 的缺陷存在 2. 不允许第一底波反射下降	全表面不允许存在任何密集的非金属夹杂物和任何实际尺寸>0.4mm 的单个非金属夹杂物、线状缺陷
PD-Spec 10725B1-B8 和 TLV985 70-9385 77	超声检验按照 ASTM A531—1991 规定执行		检测方法按 ASTM E165 2012
	超声检验按照 84350KA Rev.L 规定执行		检测方法按 PS84355LW

1.3　护环用钢电渣重熔技术应用发展

电渣重熔（electroslag remelting，ESR），是以电流经过熔渣时生成的电阻热为热源进行熔炼金属的方法，主要目的是提高金属的纯净度并获得均匀致密组织的钢锭。经电渣重熔处理的钢，纯净度高、含硫量低、非金属夹杂物少、铸锭表面光滑、内部均匀致密、显微组织和化学成分均匀。

传统的电渣重熔技术的原理如图 1-7 所示，即将普通熔炼法制造的自损耗电极放置到水冷结晶器内的高温熔融状态的电渣池中，电极和液态电渣与底板之间通过电极和结晶器下方底板之间的大功率电源形成通路。电渣在整个系统中的电阻比其他部件大得多。电流通过电渣产生大量的电阻热。当电渣的温度高于金属自损电极的熔化温度时，自损耗电极将逐渐从端部熔化并形成金属熔滴。聚集的熔滴在重力作用下从电极端脱落并流过渣池，在底板上形成高纯度的熔融金属池。由于结晶器通过水冷作用后，底部熔池中的液态金属将逐渐凝固并形成铸锭。在水冷结晶器冷却作用下，熔池上部液态金属将依次凝固成铸锭。电渣重熔具有许多优点。首先，整个系统是一个相对封闭的环境，可以使金属的冶炼、成型与大气隔绝，减少金属液受空气污染的可能性，使得铸锭中氢、氧、氮的质量分数大幅降低。其次，通过电渣的净化作用，金属中有害杂质和非金属夹杂物的含量急剧下降。最后，金属熔池自下而上依次凝固，金属熔池和液态电渣不断上升的过程中，渣液还可在结晶器内壁与铸锭外表面之间形成薄渣壳。一方面，铸锭可以获得光滑、洁净的表面；另一方面，可以减少径向热传导，使铸锭的显微组织更加均匀[25]。

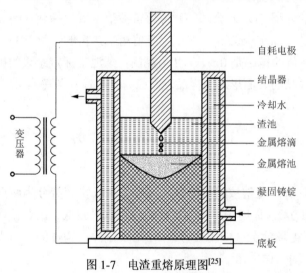

图 1-7　电渣重熔原理图[25]

在大中型锻件生产中（如大型水轮机叶片及大轴、300MW 汽轮机及发电机转子、核电站压力壳等用的毛坯）的生产中，电渣重熔技术具有领先优势[25,26]。向大林等[27]针对 18-18 型护环用钢的特点和重熔条件，研究了不同氮含量特别是超高氮的行为及影响冶金质量的工艺因素，试生产了 18-18 型电渣锭，已使用钢锭制成 300MW 发电机护环。赵林等[28]也研究了改善 1Mn18Cr18N 电渣重熔钢锭表面质量的主要措施，并提出了合理的重熔工艺制度。

1.4　电子背散射衍射技术的应用

电子背散射衍射（electron backscatter diffraction，EBSD）是指高能入射电子

束受到倾角为 70° 的样品内原子的非弹性散射而失去很少能量（小于等于 50eV）的电子随后又受到弹性散射而产生。这些非弹性散射电子束与试样内的某个晶粒发生布拉格（Bragg）衍射，从而激发并形成高角衍射菊池带（kikuchi bands）。

EBSD 系统与能谱仪（energy spectrometer，EDS）结合使用，可以用来进行材料的物相鉴定及相比计算，织构及取向差分析，晶粒和亚晶粒尺寸及形状分析，晶界、亚晶界性质分析，应变测量和材料断裂机理等研究。

电子背散射衍射和透射电子显微镜相比，可以直接对大块样品进行检测分析，样品制备简单，测试速度快（能达到每秒 150 个取向测试）。近年来，三维 EBSD 测试技术可以实现对三维物体中的晶粒组织、晶粒尺寸和界面等信息的研究，更加有利于晶体材料的表征。

这里简单的介绍 EDAX 公司的软件评价参数，置信指数（confidential index，CI）和图像质量（image quality，IQ）。CI 值用来定量的评价 EBSD 标定菊池带花样的可信度，取值的范围是 0~1，CI 值越高，菊池带标定结果的可信度越高。IQ 能定性的反映样品的表面形态与样品表面应力、电镜参数等有关[29-33]。

1.5　金属构件的疲劳

为了便于分析，通常按照破坏循环周次的高低将疲劳分为两种类型：①高循环疲劳（高周疲劳），作用于零件、构件的应力水平较低，破坏循环周次一般高于 10^4~10^5；②低循环疲劳（低周疲劳），作用于零件、构件的应力水平较高，破坏循环次数一般低于 10^4~10^5。

从宏观上看，疲劳断口附近无明显的塑性变形，属于脆性断裂。典型的疲劳断口可分为三个不同形态特征的区域，即疲劳源区（I 区）、裂纹扩展区（II 区）和瞬时断裂区（III 区），它们分别代表不同的疲劳失效历程。三个区域的特征[34]如表 1-6 所示。

表 1-6　疲劳裂纹各区域特点

区域	特点
疲劳源区（I 区）	该区域一般在试样的表面形成，是一个光滑的小扇形区域，但是真正的疲劳源位于"扇柄"处的裂纹萌生和微观裂纹扩展处。同时，能看到以疲劳核心辐射出贝纹线，有的还可见四周一些的放射台阶或线痕，并可向外延伸一定的距离。如果试样内部有化学成分偏析、脆性夹杂物和微小孔洞等缺陷，或试样表面进行了表面处理，裂纹源也会在距离表面一定距离的地方产生。疲劳裂纹刚形成时，裂纹张开的位移小，扩展速度较为缓慢。疲劳源有时会有多个，尤其对于低周疲劳，断口内常出现几个不同位置的疲劳源

续表

区域	特点
裂纹扩展区（Ⅱ区）	该区占断口的大部分面积，表面比疲劳核心区更粗糙、更暗。波纹状条纹通常以裂纹源为中心并向周围扩散，它们通常垂直于裂纹扩展的方向。裂纹形成后，在拉应力作用下，裂纹张开，尖端钝化，受到压力或卸载时裂纹闭合，裂纹尖端再次锐化，然后再次循环受拉。可见的波纹状条纹主要是由载荷谱的波动引起的。机器的启停和运行过程中偶然因素引起的应力波动，将促进波纹状条纹的产生。在恒定应力或应变的试验中，载荷谱相对稳定，断裂面一般不具有这种特征。此时，疲劳断口经反复压缩后摩擦，使表面光滑。对于低周疲劳，这种波纹状条纹也观察不到。从疲劳核心区发展出来的台阶，在扩展区变得越来越大，并成为垂直于波纹状条纹的放射条纹
瞬时断裂区（Ⅲ区）	疲劳裂纹扩展到临界尺寸后，疲劳裂纹扩展不稳定，形成了该区。该区的特征与静态拉伸断裂中快速断裂的放射区相似。放射区和剪切唇区的有无和面积大小与材料的特性及加载历史有关。当载荷较大或有突然超载时，以上两个特征形貌明显，且占断口面积的比例也较大。当载荷较稳定时，有些材料的断口就可能只有剪切唇区，没有明显的放射区，瞬时断裂区也较小；但是对于某些脆性材料的断口，瞬时断裂区会呈结晶状的脆性断裂特征

低周疲劳试验的主要目的是测试材料的应变和寿命的关系，在以恒定的应变幅加载时，应力-应变滞回线如图 1-8 所示。

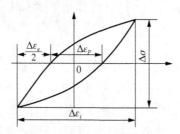

图 1-8 应力-应变滞回线

处理疲劳试验数据的主要方法是采用下述的 Masson-Coffin 公式：

$$\frac{\Delta \varepsilon_t}{2} = \frac{\Delta \varepsilon_e}{2} + \frac{\Delta \varepsilon_p}{2} \tag{1-1}$$

$$\frac{\Delta \varepsilon_e}{2} = \frac{\sigma_f'}{E}(2N_f)^b \tag{1-2}$$

$$\frac{\Delta \varepsilon_p}{2} = \varepsilon_f'(2N_f)^c \tag{1-3}$$

式中，$\Delta \varepsilon_t$ 为真实总应变范围；$\Delta \varepsilon_e$ 为真实弹性应变范围；$\Delta \varepsilon_p$ 为真实塑性应变范围；E 为弹性模量；σ_f'、b 分别为疲劳强度系数和疲劳强度指数；ε_f'、c 分别为疲劳延性系数和疲劳延性指数；N_f 为循环失效数。

该种方法把总应变分为弹性应变和塑性应变，弹性应变和塑性应变都与寿命呈指数关系，在短寿命区（低循环）塑性应变对疲劳寿命起主导作用，而在长寿命区（高循环），弹性应变起主导作用。弹性应变和塑性应变相等时的寿命称为过渡寿命 N_T，通常把它作为弹性应变和塑性应变对疲劳寿命起主要作用的分界点。

在应变控制的低周疲劳试验过程中，应力总是变化的。当材料内部结构趋于平衡时，应力就会保持一定，该状态称为稳定状态。一般用稳定循环应力-应变曲线来解释。该曲线是由稳定的滞回线绘制在一起，其应力-应变曲线顶点的轨迹即为材料的稳定循环应力-应变曲线。将稳定应力-应变曲线与静拉伸应力-应变曲线进行比较，可以显示出材料因循环而产生的变形特性和程度，可以判断材料是循环软化还是循环硬化。循环应力-应变特性可表示为 Ramberg-Osgood 公式：

$$\frac{\Delta\sigma}{2} = K'\left(\frac{\Delta\varepsilon_p}{2}\right)^{n'} \tag{1-4}$$

式中，$\Delta\sigma$ 为总应力；K' 为循环强度系数，表征材料产生单位循环塑性变形时的真实应力；n' 为循环应变硬化指数，表征材料产生塑性变形的能力[35]。

1.6　金属构件的断裂韧性

在金属材料的使用过程中，人们观察到大量的断裂现象。涉及大型机电设备的各类轴锻件的断裂破坏事故，后果非常严重。所以，断裂始终是工程研究设计的重点。传统的弹塑性力学研究的对象是连续均匀无缺陷的理想弹性体，然而实际的工程材料不可避免地存在各种缺陷，这些缺陷在使用中会逐渐发展成宏观裂纹，最终引起结构和零部件在低应力作用下的脆性断裂。由于传统的强度分析方法不足以防止发生低应力脆性断裂破坏，断裂力学应运而生，它着重研究裂纹的发展和结构的破坏等方面的规律。构件的低应力脆性断裂是由宏观裂纹扩展引起的。在材料生产和加工过程中，都可能会出现裂纹。由于裂纹破坏了材料的均匀性和连续性，改变了材料中的应力分布，构件的结构性能不再与无裂纹试样的结构性能相似。由于原材料的原因，护环同时在作用力、温度和腐蚀介质等复杂的服役环境中长期运行，不可避免地产生各类缺陷，而缺陷的存在势必会对护环的安全运行造成严重的影响。此外，当护环在高温下工作时，根据室温下的机械性能设计的部件在某种意义上具有潜在的安全隐患，国内外已出现多起因护环断裂裂纹引起的事故[36-38]，因而研究护环用 1Mn18Cr18N 奥氏体不锈钢的高温和常温断裂韧性具有很大的工程实践意义。

在弹塑性力学中有两种重要的理论：裂纹尖端张开位移（crack-tip opening displacement，CTOD）理论和 J 积分理论。当应力应变组合达到临界值时，裂纹扩展。从应力的角度讨论脆性材料的裂纹失稳是合适的。然而，当裂纹尖端在大范围内产生屈服时，使用应变区来研究裂纹扩展则更为恰当。裂纹尖端张开位移是测量裂纹尖端塑性变形的一种方法。1963 年，Wells 提出了弹塑性情况下的 CTOD 判据：当裂纹尖端张开位移 δ 达到某一临界值 δ_c 时，裂纹启裂，即 $\delta \geq \delta_c$，临界 δ_c 值与构件的几何形状和裂纹尺寸无关。实践证明，CTOD 准则、焊接结构和压力容器的断裂安全分析中的应用是非常有效和简单的，而且简单可行。然而 CTOD 方法缺乏严密的理论基础和分析手段，而且对裂纹尖端张开位移的定义、理论计算和直接测定都存在困难，因此在工程中经常使用经验关系和间接方法[39]。

Rice 和 Cherepanov 提出了一个绕裂纹前沿与路径无关的守恒积分，避开了求解裂纹前缘塑性应力、应变场时数学上的困难，而用 J 积分描述裂纹前缘局部集中的应力场和应变场强度平均值的参量[40]。在全量理论和比例加载的条件下，已证明 J 积分值与路径无关。特别是当 J 积分的临界值（延性断裂韧性）J_{IC} 被证明与试样类型和尺寸无关时，才可以将 $J_{IC} \leq J$ 作为弹塑性断裂的判据。在线弹性情况下，$J=G$（应变能释放率），可以用势能对裂纹长度的变化率，$J=\pi/a$ 来评价 J 积分。Rice、Rosegren 和 Hutchinson 各自用 J 积分对平面裂纹前端的塑性应力场作了近似分析，得到了裂纹前端的应力和应变场，该结果是 Irwin 理论的自然延伸。T.K.Hellen 将 J 积分推广到相应任意方向的广义 J_k 积分。具体来讲，当 $k=1$ 时，J_1 为 J 积分，即为能量沿纵向的释放率；当 $k=2$ 时，$-J_2$ 为 J 积分，即为能量沿横向的释放率。可以证明 J 积分具有守恒性，其值与路径无关，且在物理上可以理解为应变功的差率。在线弹性情况下通过 J 积分换算应力强度因子 K 有时比直接计算 K 更为方便，因此，在一些情况下利用 J 积分来评估应力强度因子有广泛的应用空间[41-45]。

断裂力学根据材料的分离机理将断裂分为解理断裂和滑动断裂；根据断裂前的有无宏观塑性变形，断裂可分为韧性断裂和脆性断裂。根据外加应力与裂纹扩展面的取向关系，裂纹模式可分为三类，如表 1-7 所示[41]。

表 1-7　三类裂纹形式介绍

裂纹模式	特征
张开型（I 型）	外载荷垂直于裂纹表面，裂纹在外载荷作用下张开，沿与外载荷垂直的方向扩展。如图 1-9（a）所示，板内有垂直于板上拉应力方向的穿透裂纹，或压力容器内有纵向裂纹，都属于此种类型
滑开型（II 型）	也被称为面内剪切型，外部载荷沿裂纹表面的方向，裂纹表面在其平面上沿 x 方向滑动。例如，在扭转作用下，贯穿薄管壁上的环形裂纹产生开裂，如图 1-9（b）所示
撕开型（III 型）	对应于反平面剪切，也称为面外剪切或纵向剪切，在这种情况下，裂纹表面也沿 z 方向相对滑动。例如，在扭转作用下圆轴上的环形槽发生破裂，如图 1-9（c）所示

实际裂纹扩展不限于这三种形式，而且往往是它们的组合，如 I-II、I-III、II-III 复合形式。在这些不同形式的裂纹扩展中，I 型裂纹扩展是最危险和最容易引起脆性断裂的。因此，I 型裂纹一直是裂纹脆性断裂研究的重点。

图 1-9 为三种裂纹扩展形式。

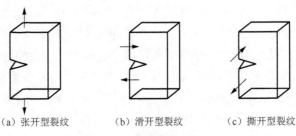

（a）张开型裂纹　　　　（b）滑开型裂纹　　　　（c）撕开型裂纹

图 1-9　三种裂纹扩展形式

1.7　护环的应力腐蚀

应力腐蚀开裂（stress corrosion cracking，SCC）是护环钢在服役过程中的主要失效形式，是指在拉应力和特定腐蚀介质共同作用下发生的一种局部、快速的破坏方式。

1.7.1　国内外典型的应力腐蚀事故

在汽轮发电机运行中，护环内外表面或端面经常出现沿晶或穿晶裂纹，必须停机处理。以重庆某电厂 50MW 机组 1974 年的检修为例，发现护环内外表面存在大量的沿晶应力腐蚀裂纹。由于当时缺少备件，在监测运行 6 个月后更换了护环。辽宁某电厂和四川某电厂也因应力腐蚀裂纹更换了护环[46]，表 1-8 为国内部分典型护环应力腐蚀裂纹事故分析。

表 1-8　国内部分典型护环应力腐蚀裂纹事故分析[36]

名称	机组功率/MW	裂纹位置	故障原因	处理方法
淮北电厂	125	发电机护环	应力腐蚀及疲劳	更换护环
金竹山电厂	125	发电机护环	应力腐蚀开裂，材料缺陷	更换护环
吴泾热电#5 机	125	发电机励侧护环	交变挠曲应力长期作用	更换护环
徐州电厂#1 机	125	发电机励侧护环	装配应力过大，腐蚀	更换护环
石洞口#2 机	125	发电机励侧护环	应力腐蚀	更换护环

国外电厂的护环，在运行过程中发现裂纹以致炸裂的事故也屡见不鲜。1955 年 12 月 3 日南非伐尔电厂汽轮发电机励磁机端的护环发生了爆炸；1954 年 4 月加

拿大多伦多电厂 1 号机和 2 号机相继发生护环炸裂而酿成全厂毁灭性大事故；1950～1960 年日本室兰工厂使用的含 Mn、Ni、Cr 钢锻成的护环曾发生过三起爆炸事故；20 世纪 70 年代丹麦 350MW 机组与加拿大 500MW 机组护环因应力腐蚀裂纹而引起炸裂事故；苏联及其他国家也都发生过护环的爆炸或开裂事故。因而从 20 世纪 50 年代起，国内外材料与腐蚀工作者对发电机护环的应力腐蚀问题进行了多方面的试验与研究。鉴于此，除了在设计中应以强度数据作为允许应力计算外，还要作应力腐蚀试验[47]。

1.7.2 护环应力腐蚀裂纹成因

应力与化学介质协同作用引起的金属开裂（或断裂）现象称为金属应力腐蚀开裂。应力腐蚀有三个主要特点：一是必须存在应力，特别是拉伸应力分量的存在。拉伸应力越大，断裂所需的时间越短。断裂所需的应力通常低于材料的屈服强度。护环上一般有以下几种应力在起作用：①残余应力。《汽轮发电机 MN18Cr18N 无磁护环锻造技术条件》（JB/T 7030—2014）中规定，护环的残余应力不应超过材料最低实际屈服极限的 25%，但在我国经常遇到残余应力过大的护环。残余应力高是护环早期开裂的重要原因。②转子本体、中心环与护环过盈配合引起的装配应力。③部分护环上有通风孔，内壁有变截面，这些部位会有应力集中。④其他应力。例如，在运行中，护环受到转子绕组端部和护环本身的离心力；转子的旋转弯曲在护环的纵向上产生交变拉压应力，以及温度变化产生的应力。二是敏感金属。纯金属材料不会发应力腐蚀。从微观结构上看，粗晶护环钢容易发生应力腐蚀。当奥氏体晶界存在碳化物时，会对护环钢的应力腐蚀敏感性产生很大的影响。晶界存在链状分布的碳化物时，护环钢的应力腐蚀抗力会大大降低。这是因为碳化物在晶界的膨胀系数不同于奥氏体晶粒的膨胀系数，温度变化时产生内应力，促进应力腐蚀的发展[48]。三是特定的腐蚀介质，只有金属和介质的某些组合才会引起应力腐蚀开裂；如果没有应力，金属在应力腐蚀开裂介质中的一般腐蚀速率很小。在 10^{-8}～10^{-6} cm/h 范围内，断裂速度远高于无应力腐蚀速度，又远低于简单力学因素引起的断裂速度[49]。断口一般为脆性断裂型。由于奥氏体不锈钢对氯离子非常敏感，有实验报告指出护环在服役过程中受到氯离子的腐蚀而产生裂纹，裂纹在宏观上为脆性开裂，在微观上为穿晶、沿晶或者混晶开裂[1]。应力腐蚀开裂主要分为阳极溶解开裂和阴极氢脆开裂，如表 1-9 所示为应力腐蚀开裂的具体原因[50]。

表 1-9　应力腐蚀开裂的具体原因

类型	具体原因
阳极溶解开裂	1. 中性或碱性介质 2. 介质中存在活化阴离子（如 Cl^- 等），对金属材料的表面膜有极强的穿透作用，溶解覆盖在钢材表面的 FeS 膜，形成点蚀 3. 形成闭塞电池，裂纹尖端为小面积、低电位的阳极，裂纹侧面及外侧为大面积、高电位的阴极，裂纹尖端作为阳极迅速溶解 4. 应力作用下，裂纹迅速扩展
阴极氢脆开裂	1. 酸性介质 2. 介质中存在 H_2S 等时，FeS 保护膜被溶解，材料表面处于活性溶解状态，产生 H^+，H^+ 聚集在非金属夹杂物与基体之间的界面分离处或缺陷中，并形成微裂纹 3. 在应力作用下，微裂纹迅速扩展

1.7.3　护环应力腐蚀裂纹的微观特征

应力腐蚀裂纹总是在护环材料的表面产生。腐蚀坑通常是裂纹的来源。经过一段时间后，可能会有几处裂纹穿透。一般而言，因为内壁应力大于外壁应力，护环内壁裂纹比外壁更严重；同时由于紧力面上的应力较大，紧力面上的裂纹也较严重；变截面尺角处的内壁裂纹也很严重，这是因为不仅应力集中在拐角处，而且介质也集中在这里。

不仅长期运行的护环存在应力腐蚀裂纹，而且在未使用过的新护环上也存在应力腐蚀裂纹。这主要是护环的高残余应力和环境介质（如水分）在储运过程中引起的腐蚀所致。

应力腐蚀裂纹的特点如下。

（1）应力腐蚀裂纹分岔，呈树枝状。从护环表面检查，有的裂纹以腐蚀坑为中心，向四周做放射状扩展。

（2）应力腐蚀裂纹包含穿晶和混合裂纹。裂纹产生和扩展的模式主要取决于腐蚀介质的类型。当腐蚀介质为硝酸盐时，裂纹一般为沿晶裂纹；当腐蚀介质为氯离子时，裂纹一般为混合裂纹；当腐蚀介质为氢离子时，裂纹一般为穿晶裂纹。在实际运行过程中，可能是一种、两种甚至三种腐蚀介质同时起作用。此时，裂纹的形成和扩展形式变得更加复杂。对护环的一处或两处局部裂纹的外观进行检查，或简单地根据裂纹的特点来确定裂纹的成因，是非常困难的。应根据护环沿晶钢的工况（介质浓度、环境温度和应力等因素）和微观组织进行综合分析，因为这些因素对护环应力腐蚀裂纹的形成和扩展都有重要影响[48]。

1.8 本书主要内容

本书的主要内容和拟解决的关键问题如下。

（1）针对 600MW 级汽轮发电机护环进行解剖和测试，总结在常温下护环不同位置的力学性能、物理性能和化学性能的规律。

（2）通过高温热压缩试验，建立护环用铸态和锻态 1Mn18Cr18N 奥氏体不锈钢的热变形本构关系，利用金相显微镜、背散射衍射电子显微镜和高分辨透射电子显微镜研究高温热压缩过程中材料的微观组织变化规律，为制定护环用 1Mn18Cr18N 奥氏体不锈钢的热锻工艺提供理论和试验依据。

（3）针对 600MW 级汽轮发电机护环的实际热装配工艺，研究不同热处理工艺下护环用 1Mn18Cr18N 奥氏体不锈钢微观组织的变化规律及碳化物的析出规律，揭示碳化物析出物与基体之间的取向关系，建立不同热处理状态下拉伸、冲击等力学性能与微观组织之间的关系。

（4）利用背散射电子显微镜研究不同预加载应力、不同热处理状态和浸泡时间等条件下，研究 600MW 级汽轮发电机护环用 1Mn18Cr18N 奥氏体不锈钢的特殊晶界与晶粒尺寸的变化规律，剖析护环在服役过程中的应力腐蚀破裂特征及机理。

（5）研究 600MW 级汽轮发电机护环用 1Mn18Cr18N 奥氏体不锈钢的高温低周和常温高周循环条件下的疲劳断裂与疲劳破坏机制，利用高分辨扫描电子显微镜探讨试样疲劳裂纹内部萌生的微观机理。

（6）研究经加热 100℃、200℃、300℃、400℃、500℃和 600℃保温 1h 时，600MW 级汽轮发电机护环用 1Mn18Cr18N 奥氏体不锈钢的高温断裂韧性 J_{IC} 的变化规律，建立温度 T 与断裂韧性 J_{IC} 值之间的关系。

参 考 文 献

[1] 张红军, 朱立春, 于在松, 等. 1Mn18Cr18N 钢护环裂纹性质和材质状态分析[J]. 大电机技术, 2011（5）: 17-20.

[2] 袁志钟, 戴起勋, 程晓农, 等. 氮在奥氏体不锈钢中的作用[J]. 江苏大学学报, 2002, 23（3）:72-75.

[3] 李丹. 超（超）临界火电机组传热管用不锈钢的研究[D]. 镇江: 江苏大学, 2010.

[4] 侯国清. 低镍奥氏体不锈钢热变形过程中的塑性及开裂机理[D]. 兰州: 兰州理工大学, 2013.

[5] Tobler R L, Meyn D. Cleavage-like fracture along slip planes in Fe-18Cr-3Ni- 13Mn-0.37N austenitic stainless steel at liquid helium temperature[J]. Metallurgical and Materials Transactions A, 1988, 19（6）: 1626-1631.

[6] Tomota Y, Endo S. Cleavage-like fracture at low temperatures in an 18Mn-18Cr- 0.5N austenitic steel[J]. ISIJ International, 1990, 30（8）: 656-662.

[7] Mullner P, Solenthaler C, Uggowitzer P J. Brittle fracture in austenitic steel[J]. Acta Metallurgica et Materialia, 1994, 42（7）: 2211-2217.

[8] Vogt J B, Messai A, Foct J. Cleavage fracture of austenite induced by nitrogen supersaturation[J]. Scripta Metallurgica et Materialia, 1994, 31（5）: 549-554.

[9] Tomata Y, Xia Y, Inoue K. Mechanism of low temperature brittle fracture in high nitrogen bearing austenitic steels[J]. Acta Materialia, 1998, 46（5）: 1577-1587.

[10] Tomota Y, Nakano J, Xia Y, et al. Unusual strain rate dependence of low temperature fracture behavior in high nitrogen bearing austenitic steels[J]. Acta Materialia, 1998, 46（9）: 3099-3108.

[11] Simmons J W, Covino B S. Effect of nitride(Cr_2N)precipitation on the mechanical, corrosion, and wear properties of austenitic stainless steel[J]. ISIJ International, 1996, 36（7）: 846-854.

[12] Ha H, Kwon H. Effects of Cr_2N on the pitting corrosion of high nitrogen stainless steels[J]. Electrochimica Acta, 2007, 52（5）: 2175-2180.

[13] 毛楠. 316L 不锈钢焊接接头的组织和力学性能研究[D]. 哈尔滨: 哈尔滨工业大学, 2012: 8-9.

[14] 张清阁. 面铣加工奥氏体不锈钢的切削参数优化及有限元仿真研究[D]. 济南: 山东大学, 2013: 1-2.

[15] Stein G, Hucklenbroich I. Manufacturing and applications of high nitrogen steels[J]. Materials and Manufacturing Processes, 2004, 19:7-17.

[16] 周维智, 孙晓洁, 徐国涛. Mn18Cr18N 钢护环生产工艺研究概况[J]. 大型铸锻件. 2001（1）: 52-54.

[17] 王荣国, 刘文博, 杨帆, 等. 一种玻璃纤维复合材料电机护环的制备方法: 201310594854.2[P]. 2014-02-05.

[18] 孙卓, 张作义, 杨国军, 等. 金属内衬复合材料护环: 200410078317.3[P]. 2005-03-02.

[19] 赵俊民. 1Mn18Cr18N 钢无磁性护环锻件的试制[J]. 大型铸锻件, 2010（1）: 27-29.

[20] 陈大金. 1Mn18Cr18N 型护环钢的热处理[J]. 大型铸锻件, 1996（1）: 28-30.

[21] 陈大金. 大型发电机用 Mn18Cr18N 护环制造的关键技术[J]. 大型铸锻件, 1997（1）: 24-26.

[22] 郑文. 发电机护环变形强化工艺研究[J]. 大连轻工业学院学报, 1998, 1（17）: 31-35.

[23] 北村善男, 蔡千华. 用液压胀形法制造的发电机护环[J]. 大型铸锻件, 1991（1）: 107-111.

[24] 汽轮发电机 1Mn18Cr18N 无磁性护环锻件技术条件: JB/T 7030—2014[S]. 北京: 机械工业出版社, 2014.

[25] 唐建军. 基于电渣重熔的大型铸锭成型关键技术研究[D]. 南昌: 南昌大学, 2011: 2, 13.

[26] 李正邦, 傅杰. 电渣重熔技术在中国的应用和发展[J]. 特殊钢, 1999, 20（2）: 7-13.

[27] 向大林, 王克武, 朱孝渭. Cr18Mn18N 护环用钢电渣重熔技术的开发研究[J]. 上海金属, 1996, 18（4）: 7-11.

[28] 赵林, 金东国, 高建军, 等. Mn18Cr18N 护环钢电渣重熔工艺的研究[J]. 大型铸锻件, 1997（3）: 22-27.

[29] 杨平. 电子背散射衍射技术及其应用[M]. 北京: 冶金工业出版社, 2007: 1-8.

[30] 任涛林. Q235 钢和定向凝固钛铝合金板坯表层塑性变形及微观组织演变[D]. 哈尔滨: 哈尔滨工业大学, 2011: 21-22.

[31] Jian H G, Yin Z M, Jiang F, et al. EBSD analysis of fatigue crack growth of 2124 aluminum alloy for aviation [J]. Rare Metal Materials and Engineering, 2014, 13（6）: 1332-1336.

[32] Roach M D, Wright S I, Lemons J E, et al. An EBSD based comparison of the fatigue crack initiation mechanisms of nickel and nitrogen-stabilized cold-worked austenitic stainless steels [J]. Materials Science and Engineering, 2013, 586（6）: 382-391.

[33] 陈圆圆, 郑子樵, 蔡彪, 等. 2197（Al-Li）-T851 合金的疲劳裂纹萌生与扩展行为研究[J]. 稀有金属材料与工程, 2011, 40（11）: 1926-1930.

[34] 文康. 高强高韧 Al-Zn-Mg-Cu 合金疲劳断裂性能以及微观组织的研究[D]. 长沙: 中南大学, 2010: 14-19.

[35] 米海蓉. 转子钢在不同温度下的低周疲劳性能研究[D]. 哈尔滨: 哈尔滨工程大学, 2001.

[36] 陈松平. 汽轮发电机组转子裂纹故障分析及诊断方法研究[D]. 北京: 华北电力大学, 2012: 10-14.

[37] 盛昌达, 崔力. 东德 5 万千瓦汽轮发电机护环损坏原因分析[J]. 电力技术, 1979（9）: 6-11.

[38] 崔力, 陈耀东. 捷克 5 万千瓦汽轮发电机护环发生裂纹的原因及紧急调整[J]. 大电机技术, 1980（4）: 1-4.

[39] 方洪渊. 焊接结构学[M]. 北京: 机械工业出版社, 2008: 190-200.

[40] 沈成康. 断裂力学[M]. 上海: 同济大学出版社, 1996: 190-202.

[41] 张志明. 金属材料断裂韧性的研究[D]. 上海: 上海交通大学, 2011: 8-17.

[42] 赵章焰, 吕运冰, 孙国正. J 积分法测量低碳钢 Q235 的断裂韧性 K_{IC}[J]. 武汉理工大学学报, 2002, 24（4）: 111-112.

[43] 董达善, 朱晓宇, 梅潇. 基于 Abaqus 柔度标定法的 Q235 材料断裂韧性仿真[J]. 计算机辅助工程, 2012, 21（4）: 40-42.

[44] 马最眉. 18-18 新型护环钢的应用特性[J]. 大电机技术, 1991（2）: 22-26.

[45] 蒋玉川. 弹塑性断裂力学之 J 积分与复合型裂纹扩展断裂准则的研究[D]. 成都: 四川大学, 2004: 1-2.

[46] 马最眉. 汽轮发电机护环的应力腐蚀[J]. 大电机技术, 1984（1）: 8-11.

[47] 胡恒康. 发电机护环高温应力腐蚀试验研究[J]. 大型铸锻件, 1983（2）: 23-30.

[48] 李兵. 关于发电机护环的应力腐蚀[J]. 电力技术, 1988（4）: 37-43.

[49] 李振森. 压力容器的应力腐蚀破裂与安全运行管理[J]. 江汉石油职工大学学报, 2011, 24（3）:55-58.

[50] 金晓军, 霍立兴, 张玉凤, 等. X65 管线钢焊接接头 H_2S 应力腐蚀研究及其有限元数值分析[J]. 中国腐蚀与防护学报, 2001, 24（1）: 20-24.

第2章 600MW 级护环性能及组织分析试验方法

2.1 引　　言

中国使用的 600MW 级以上的大容量护环基本上被德国和日本厂商垄断，而且国内各大主机厂使用的检测标准有一部分是由国外标准转化来的，对大容量护环国产化非常不利，为了取得自主知识产权，优化护环的生产工艺并对制定护环的行业检测标准提供充足的试验数据和理论基础，有必要对国产 600MW 级以上护环进行整体解剖，从而掌握护环常规力学性能、热装配后的组织、疲劳性能和断裂性能变化等。

2.2 600MW 级护环常规性能检测试验方法

1. 热压缩试验

在 Gleeble-1500D 型热力模拟试验机上进行热压缩试验。压缩试样尺寸为 8mm×12mm，在试验过程中为了避免压头和试样端面之间较大的摩擦力，将玻璃粉润滑剂均匀地涂抹于压头和试样端面间。为了使试样各部分的温度分布均匀，采用较低的加热速率（5℃/s），并在试样到达设定温度后保温 150s，然后再进行热压缩试验。变形过程中由计算机自动采集数据，并生成真实的应力-应变曲线[1]。

2. 室温和高温拉伸试验

试验在万能电子拉伸机（型号 SHIMADZU AG-I）上进行，试样标距段直径为 d_0 =10mm，标距段长度 l_0 = $5d_0$=50mm，两端螺纹为 M16×2 [2]，拉伸试样规格见图 2-1。护环室温拉伸试验的拉伸速度：屈服点之前为 3～5mm/min；过了屈服点之后为 20mm/min。护环高温拉伸试验的拉伸速度：屈服点之前为 3～5mm/min；过了屈服点之后为 20mm/min。达到加热温度后，至少保温 20min 使其热透。

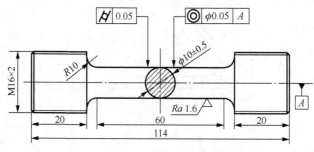

图 2-1 拉伸试样规格

3. 原位拉伸试验

动态拉伸试样需要经过 200 目砂纸粗磨、400 目砂纸粗磨和 600 目砂纸细磨，再使用颗粒尺度为 1～2.5μm 的金刚石喷雾剂进行机械抛光和腐蚀。室温原位拉伸试验是在扫描电子显微镜（型号 HITACHI S-570）上观察，其内置拉伸台的最大拉伸载荷为 200kg，最大位移量为 20mm，拉伸速度为 10μm/min。高温原位拉伸试验是在高温原位扫描疲劳试验机（型号 JSM-4800）上进行的，其内置拉伸台的最大拉伸载荷为 2kN，最大位移量为 20mm，加热速度为 20℃/min，到温后保温 10min，本试验中采用位移载荷控制，加载速率为 10μm/min。

图 2-2 为 1Mn18Cr18N 奥氏体不锈钢室温原位拉伸试样尺寸图，试样全长为 38mm，两定位孔之间的距离为 26mm，孔径为 5mm，试样中间宽度部分为 $1.5^{+0.02}_{-0.02}$ mm，试样厚度为 1mm。在试样长度方向的对称轴位置的单边通过线切割加工一个半径 $R=0.15$mm 的圆弧预制裂纹，通过两定位孔将试样安装在扫描电子显微镜的动态拉伸卡具上，在动态拉伸观察的过程中，重点选定对圆弧预制裂纹及周围部分进行观察。

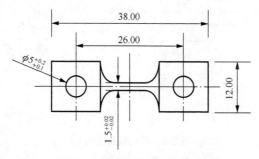

图 2-2 原位拉伸试样尺寸图

图 2-3 为 1Mn18Cr18N 奥氏体不锈钢高温原位拉伸试样尺寸图。试样全长为 45mm，试样夹持端的宽度为 8.5mm，试样中间部分为 $R=30$mm 的圆弧，起始宽度为 3mm，最小宽度为 2.5mm，长度为 8mm，试样厚度为 1mm。

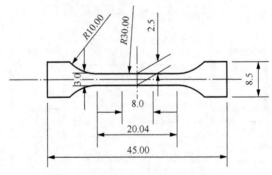

图 2-3　高温原位拉伸试样尺寸图

4. 冲击试验

冲击试验试样取自护环内环的切向位置，取夏比 V 形缺口，其尺寸为 10mm×10mm×55mm[3]，如图 2-4 所示。采用冲击试验机（型号 CBD-300）进行室温和低温冲击吸收能量的测定。

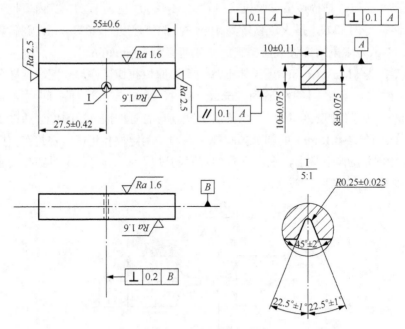

图 2-4　冲击试样尺寸图

5. 硬度试验

布氏硬度试验是在国产硬度仪 HB-3000B 上进行，载荷为 7355N，每个硬度值需要三点求平均值[4]。

显微硬度试验是在 SHIMADZU HMV-2 日本岛津公司显微硬度计上进行维氏

硬度（Vickers-hardness，HV）试验，载荷为 245.2mN（0.025kgf），保载时间为 10s，压头为相对面夹角为 136°的正四棱锥金刚石压头。

6. 疲劳试验

本部分包括室温高周疲劳和高温（100℃）低周疲劳两种试验。对于高温低周疲劳试验，是先将试样分别加热至设定温度（100℃、200℃、300℃、400℃、500℃和 600℃），然后保温 1h，使试样完全热透，然后在 100℃的温度下进行高温低周疲劳试验。

室温高周疲劳试验使用的设备是长春浩园试验机有限公司生产的 HYG-300 型高频疲劳试验机，试验机的控制和测量系统均符合 GB/T 3075—2008 的要求。试验采用 M14 的圆形横截面试样，见图 2-5，测量部分直径 $\phi=7mm$，满足 GB/T 3075—2008 中夹持端直径 $D \geqslant 2\phi$ 的要求。试验频率为试验机与试样的固有频率，本试验使用的试验频率为 81～83Hz，当试验频率下降 8Hz 或者是试验载荷下降 4kN，认为试样失效，试验终止，并记录循环周次。采用液压伺服轴向疲劳机在应力比为 $R=-1$ 下进行单轴拉压疲劳试验[5]。

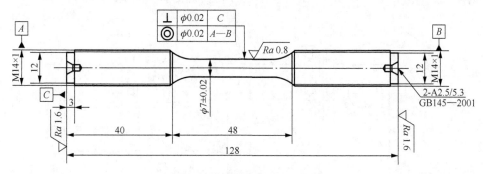

图 2-5 室温高周疲劳试样图

高温低周疲劳试样采用美国 MTS 810 材料试验系统，有标准的循环计数装置，静态检验力值精确度不超过 1%，测试过程中，静态检验力值最大允许误差为±1%，示值变动度不超过 1%，符合 GB/T 168251—2008。动态检验力值最大允许误差为±1%，符合 JJG 556—2011[6]的要求。

试验控制方式采用轴向应变控制，应变比 $R_\varepsilon=-1$，试验波形为三角波，应变速率为 $1.2 \times 10^{-2} s^{-1}$[7]。使用伺服闭环控制系统对试验过程进行控制和数据采集。试样为等截面圆柱形试样，图 2-6 为高温低周疲劳试样图。选取循环峰值拉伸应力下降到曾出现的最大循环峰值拉伸应力 σ_{max} 的 50%时的循环周次作为失效循环数 N_f，循环稳定滞回周次为 $N_f /2$。

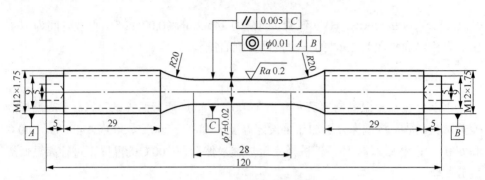

图 2-6　高温低周疲劳试样图

7. 断裂韧性试验

本测试采用标准的 C（T）试样，B=25mm，W=50mm。根据 GB/T 21143—2007 的试样设计要求，室温 J_{IC} 试验选用台阶型 C（T）试样，如图 2-7 所示，高温 J_{IC} 试验选用直通型 C（T）试样，如图 2-8 所示。对于高温 J_{IC}，是先将试样分别加热至设定温度（100℃、200℃、300℃、400℃、500℃和 600℃），然后保温 1h，使试样完全热透，然后在 100℃的温度下进行高温断裂韧性试验。

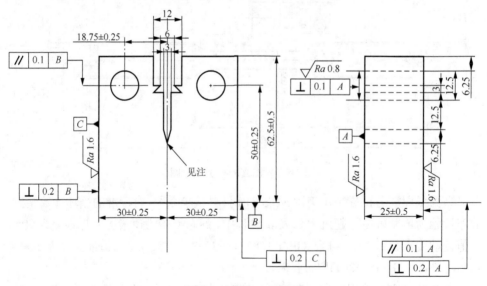

图 2-7　室温 J_{IC} 试样图

注：缺口根部半径最大为 0.1mm，未标注的尺寸公差均为 0.05，未标注的表面光洁度为 Ra3.2

本测试采用美国 MTS 810 材料试验系统，有标准的循环计数装置，静态检验力值精确度不超过 1%，测试过程中，静态检验力值最大允许误差为±1%，示值变动度不超过 1%，符合 GB/T 168251—2008。动态检验力值最大允许误差为±1%，符合 JJG 556—2011 的要求。室温和高温试验分别采用 MTS 632.03C-20 和 MTS

632.65C-03 COD 位移规测量试样张口位移。本试验采用多试样法[8]。

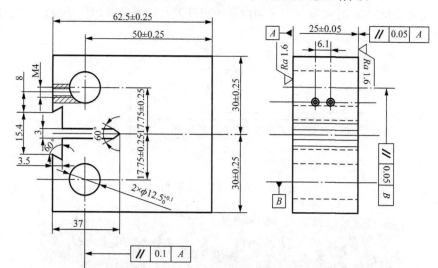

图 2-8　高温 J_{IC} 试样图

本节采用的多试样法是对每个试样只进行一次加载，通过加载到不同的张口位移，计算并绘制阻力曲线，再进一步求得 J_{IC} 值，通常情况下得到 1 个 J_{IC} 值需要 6～15 个试样，因此被称为多试样法。多试样法是通过测量的方法得到裂纹扩展量 Δa 的，这样就避免了单试样法反复加载导致的裂纹尖端严重变形和换算裂纹长度带来的误差，从而保证了试验结果的准确性，但这种方法需要试样较多，数据测量和计算量也较大。

8. 应力腐蚀试验

采用四点弯曲模具进行应力腐蚀试验，应力腐蚀试样尺寸为 110mm×9mm×5mm±0.1mm（长宽高的公差为±0.1mm）（图 2-9），试样表面的光洁度为 Ra1.6，试样夹具采用抗腐蚀材料（如 GH132），图 2-10 为四点弯曲应力腐蚀装置。试样在质量分数为 3.5%NaCl 溶液中浸泡 1000h，试样与试样夹具之间采用黑色绝缘胶布进行绝缘，避免产生静电化学反应。试验温度为 20℃±5℃，试验容器必须有盖密封，以保持介质浓度。一般按照护环 60%$R_{p0.2}$ 的应力加载[9]（不同的标准对此有不同的定义，如 590MPa[10]），加载应力的大小由挠度来控制，挠度按照式（2-1）来计算：

$$y = \frac{(3H^2 - 4A^2)\sigma}{12Et} \tag{2-1}$$

式中，σ 为外加应力，kg/mm^2；E 为弹性模量，2.0×10^{4}kg/mm^2；t 为试样厚度，

mm；H 为试样外支点间距，100mm；A 为试样内外支点间距，25mm。在每次试验时间 1000h 内随时观察并记录裂纹开始出现的时间及裂纹扩展情况，然后提出报告。

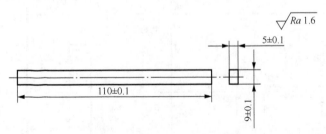

图 2-9　四点弯曲应力腐蚀试样

图 2-10　四点弯曲应力腐蚀装置[11]

9. 磁导性能试验

磁导率（用符号 μ 表示）是指反映的是物质在外界磁场作用下被磁化的能力，是表征磁介质磁性的物理量，等于磁介质中磁感应强度 B 与磁场强度 H 之比。通常使用的是磁介质的相对磁导率 μ_r，等于磁导率 μ 与真空磁导率 μ_0 之比。相对磁导率 μ_r 与磁化率 x_m 的数学关系是 $\mu_r=1+x_m$，相对磁导率 μ_r 和磁化率 x_m 都是描述磁介质磁性的物理量[12]。

在磁场强度为 100Oe 时，测量磁导率，试样取自护环中环，尺寸为 ϕ8mm× 120mm。测量仪器型号为 NIM-100 型弱磁材料磁化率测量装置。

2.3　600MW 级护环材料成分和组织分析试验方法

（1）金相显微组织观察。

采用电火花线切割的方法将试样沿厚度方向切开，观察试样截面的显微组织变化。磨制前需要进行镶嵌，金相试样需要经过 200 目砂纸粗磨、400 目砂纸粗磨和 600 目砂纸细磨，再使用颗粒尺度为 1～2.5μm 的金刚石喷雾剂和蒸馏水进行机械抛光，用王水腐蚀 10～15s 得到，再使用酒精擦试试样表面；或者使用电解抛光，电解液为 10%草酸溶液，电压为 20V，常温，正极接 1Mn18Cr18N 奥氏体不锈钢材料，负极接 T2 铜，电解抛光时间为 15～25s。最后用金相显微镜（型号 OLYMPUS- PMG3）观察。

（2）高分辨扫描电子显微镜观察。

高分辨扫描电子显微镜（型号 Hitachi-3700N）的样品制备同金相显微组织观察的样品制备方法相近。采用二次电子，入射能量为 30ekV（$1eV=1.6\times10^{-19}$J）。观察断口前，利用超声波清洗仪将试样放置在丙酮或者酒精溶液中，清洗 2min，然后烘干。

（3）透射电子显微镜组织观察。

透射电子显微镜（型号 Tecnai G2 F30 和型号 JEM-2100）试样制备方法是先将试样机械减薄到 50μm，接着使用冲孔模具将上述薄片冲成 ϕ3mm 的薄圆片，然后利用 10mL 乙醇、20mL 甲醇、18mL 2-乙醇和 10mL 高氯酸的混合液，在电压为 40V 和温度为-40℃环境下，进行双喷减薄。采用 EDS 测试析出物的化学成分。

（4）背散射衍射电子显微镜组织观察。

在进行背散射衍射电子显微镜（型号 Quanta 200FEG）观察前，需将试样通过线切割方式，切成 ϕ10mm×2mm 的圆片试样，然后经过砂纸粗磨和机械抛光，最后进行电解抛光，正极接 1Mn18Cr18N 材料，负极接 T2 铜。电解抛光的方法有两种：利用 10%的草酸溶液，在常温和电压 20V 下，电解抛光 7～10s 得到；或者使用 20%高氯酸和 80%冰醋酸的混合液，在常温和电压 20V 下，电解抛光 10～20s 得到[13]。

（5）元素划分试验。

试样用材料取自护环中环的切向部位，利用红外碳硫仪（型号 CS800）、等离子光谱仪（型号 ICAP 6300）和直读光谱仪（型号 Metal 75-80）测得各主要元素的含量。

2.4　本章小结

本章详细介绍了 600MW 级 1Mn18Cr18N 奥氏体不锈钢护环的常规性能检测试验方法，包括热压缩试验、室温和高温拉伸试验、原位拉伸试验、冲击试验、硬度试验、疲劳试验、断裂韧性试验、应力腐蚀试验、磁导性能试验方法；以及材料成分和组织分析试验方法，包括显微组织观察、高分辨扫描电子显微镜组织观察、透射电子显微镜组织观察、背散射衍射电子显微镜组织观察和元素划分试验方法。

参 考 文 献

[1] 任涛林. Q235 钢和定向凝固钛铝合金板坯表层塑性变形及微观组织演变 [D]. 哈尔滨: 哈尔滨工业大学博士论文, 2011: 28-29.

[2] 金属材料　高温拉伸试验方法: GB/T 4338—2006[S]. 北京: 中国标准出版社, 2006.

[3] Standard test methods for notched bar impact testing of metallic materials: ASTM E23—2016b [S]. PA: ASTM, 2007.

[4] Standard test method for brinell hardness of metallic materials: ASTM E10-2007[S]. PA: ASTM, 2007.

[5] 王辉亭, 任涛林, 吴双辉, 等. 护环用奥氏体不锈钢 1Mn18Cr18N 室温高周疲劳性能研究[J]. 大电机技术, 2016（4）: 19-24.

[6] 轴向加力疲劳试验机检定规程: JJG 556—2011[S]. 北京: 中国标准出版社, 2011.

[7] 金属材料轴向等幅低循环疲劳试验方法: GB/T 15248—2008[S]. 北京: 中国标准出版社, 2008.

[8] 金属材料　准静态断裂韧度的统一试验方法: GB/T 21143—2007[S]. 北京: 中国标准出版社, 2007.

[9] 哈尔滨电站设备成套设计研究所, 哈尔滨大电机研究所. 汽轮发电机用材料汇编[G]. 哈尔滨: 哈尔滨电机厂, 1990: 367-368.

[10] 汽轮发电机 1Mn18Cr18N 无磁性护环锻件技术条件: JB/T 7030—2014[S]. 北京: 机械工业出版社, 2014.

[11] Tavares S S M, Silva V G, Pardal J M, et al. Investigation of stress corrosion cracks in a UNS S32750 superduplex stainless steel[J]. Engineering Failure Analusis, 2013, 35: 88-94.

[12] 蒲军, 周强. 核电产品奥氏体不锈钢材料磁导率控制工艺[J]. 机械, 2012, 39（3）: 58-62.

[13] 王春芳, 王毛球. 钢铁材料 EBSD 样品电解抛光制备方法[J]. 物理测试, 2011, 29（6）: 55-58.

第3章 600MW 级护环原始组织和基本性能研究

3.1 引　　言

本章将详解介绍 600MW 级 1Mn18Cr18N 奥氏体不锈钢护环的解剖方案，并对护环的不同部位取样，进行化学成分分析、100℃拉伸试验、常温冲击试验、应力腐蚀试验和磁导率试验。

3.2　600MW 级护环解剖方案

国产 600MW 护环的外径为 1243mm，内径为 1030mm，厚为 945mm，先将护环沿轴线方向分为 5 段，分别为 *AB*、*CD*、*EF*、*GH* 和 *IJ*，其中 *BC*、*DE*、*FG* 和 *HI* 为刀口位置，分别在每段上取拉伸、冲击、压缩、金相、导磁、应力腐蚀、疲劳和断裂韧性试样等。图 3-1（a）为护环整体解剖方案图，图 3-1（b）所示为其中一段的解剖实物图。

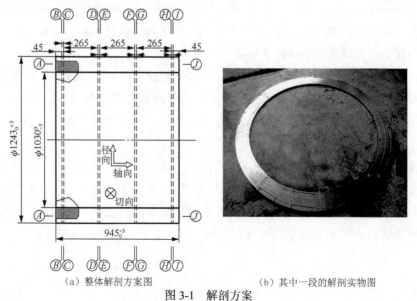

（a）整体解剖方案图　　　　　（b）其中一段的解剖实物图

图 3-1　解剖方案

护环材料应满足检测标准中的要求：①合理的元素含量；②单一的奥氏体晶粒（即晶界不含有析出物）和适度的晶粒度大小；③100℃工作条件下的力学性能；④抗腐蚀能力特别是抗应力腐蚀能力；⑤低的导磁性能等。本章将对以上提及的护环基本性能进行介绍[1,2]。

3.3　600MW 级护环化学成分与原始组织分析研究

600MW 护环用 1Mn18Cr18N 奥氏体不锈钢的化学成分要求测定的元素见表 3-1。

表 3-1　600MW 护环用 1Mn18Cr18N 奥氏体不锈钢化学成分　　　　单位：%

元素	质量分数	元素	质量分数
C	≤0.1	Al	≤0.025
Si	≤0.8	V	≤0.15
Mn	17.5～20	B	≤0.001
P	≤0.05	Mo	
S	≤0.015	W	
Cr	17.5～20	Sb	不作要求，仅需提供检验报告
Ni	≤1	As	
Ti	≤0.1	Bi	
N	≥0.5	Pb	

在护环中环的切向部位随机选取 12 点，利用相关仪器测得各主要元素的质量分数，图 3-2 为国产 600MW 护环不同位置的主要元素（C、N、Mn 和 Cr）质量分数的变化情况。从图可以看出 N 的质量分数范围为 0.6%～0.67%；C 的质量分数范围为 0.059%～0.07%；Mn 的质量分数范围为 18.03%～18.95%，Cr 的质量分数范围为 18.75%～18.87%。从以上结果可以看出，国产护环元素质量分数的离散度较小，控制较好。

在室温下 1Mn18Cr18N 奥氏体不锈钢组织是单一奥氏体组织，如图 3-3（a）所示。晶粒的原始尺寸为 100μm 左右，呈多边形状，无析出相，晶界较为平直，在晶粒内存在大量的滑移线，且可以看到大量的孪晶。由于护环经历了大量的变形，奥氏体内存在大量位错缠结和层错等缺陷，如图 3-3（b）所示。

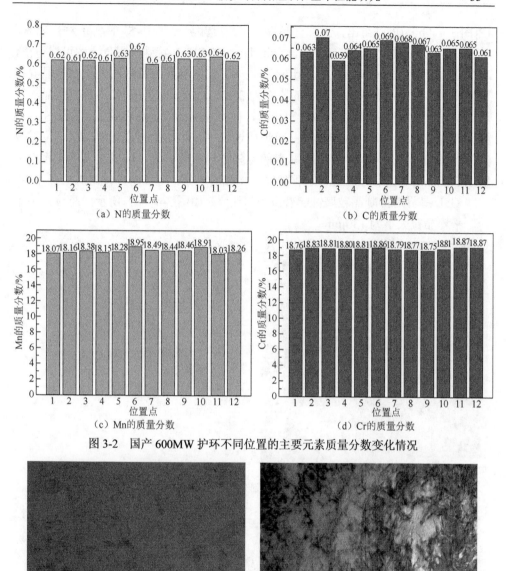

图 3-2　国产 600MW 护环不同位置的主要元素质量分数变化情况

（a）金相组织　　　　　　　　（b）透射组织

图 3-3　室温下 1Mn18Cr18N 奥氏体不锈钢原始组织

　　图 3-4 为护环原始的 EBSD 图。扫描步长为 1.3μm，CI 平均值为 0.7。不同的衬度代表不同的晶粒取向。如图 3-4（a）所示，浅色代表[101]取向，深色代表[001]取向，从反极图可以看出产生[101]纤维织构这是由于在液压胀形过程中，护环在径向经历了较大的塑性变形，其中的一部分晶粒出现了择优取向；从取向差直方

图[图 3-4（b）]可以得出，大部分晶界为小角度晶界，其中<5°的晶界大于 70%。从图 3-4（c）重位点阵（coincidence site lattice，CSL）特殊晶界直方图可以得出，$\Sigma 3$ 晶界比例为 26.96%，$\Sigma 9$ 晶界比例为 1.9%，$\Sigma 27$ 晶界比例为 0.7%，$\Sigma 29$ 晶界比例为 0.57%，特殊晶界占总晶界的比例为 35.2%。由于在 CSL 晶界处，两晶粒是通过晶粒间的 CSL 的密排或者较密排面，使得晶界的原子具有较好的匹配性，晶界的能量较低。因此，在奥氏体晶粒形成过程中，虽然晶界迁移将与点阵位错及其他晶界相互作用，但由于低能晶界的点阵位错吸收率低于随机晶界的吸收率，所以低能晶界不会移动很远。这种低能结构相对稳定，可以防止位错的相互作用，这些 CSL 晶界对抑制晶粒腐蚀起着重要作用[3]。如图 3-4（d）所示，晶粒大小不一，平均晶粒大小为 130μm。

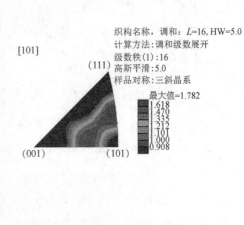

（a）晶粒取向面分布图和反极图

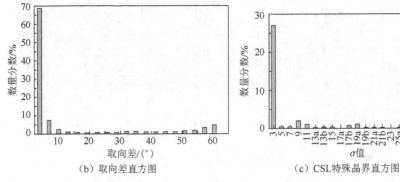
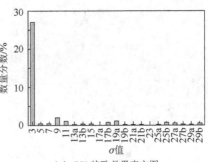

（b）取向差直方图　　　　　　　　　（c）CSL 特殊晶界直方图

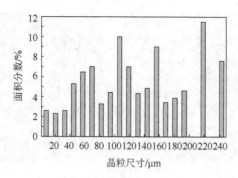

（d）晶粒尺寸分布直方图

图 3-4　护环原始的 EBSD 组织

3.4　600MW 级护环组织和力学性能分析研究

图 3-5 为 100℃拉伸载荷-位移曲线，从图可以看出试样经历弹性变形阶段、屈服阶段、塑性应变硬化阶段和缩颈变形阶段。该材质的屈强比很高，经过试验验证可知，材料经过屈服强度之后，试样将迅速被拉断。从图 3-4（b）可知，材料中含有大量的小角度晶界，所占比例接近 80%，小角度晶界对裂纹扩展的影响类似于有效晶粒尺寸，当裂纹扩展至小角度晶界时只消耗很少的能量，小角度晶界含量高的区域具有较多的断裂单元，一旦裂纹萌生，裂纹将迅速扩展直至材料断裂。

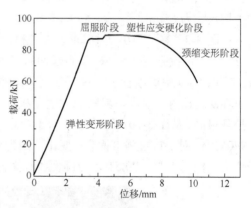

图 3-5　100℃拉伸载荷-位移曲线

图 3-6 为加热到 100℃保温 20min 拉伸后断口附近区域的显微组织，从图中可以看出，由于受到塑性变形，晶粒内部存在大量的滑移线，并且出现大量的孪晶。1Mn18Cr18N 奥氏体不锈钢的层错能低，滑动系多，在应力作用下容易实现滑移和交滑移，滑移面的出现也可以减少位错的运动空间，从而使高氮钢的强度得到提高。在许多晶粒中都有孪晶，孪晶界也可以减小位错的存在空间。孪晶界对于位错的运动起着阻碍作用。然而，只有在更高的应力作用下，通过孪晶或（与）孪晶界反应才能形成 Frank 不可动位错，并在孪晶中形成新的层错。因此，高氮钢的强度比普通不锈钢高得多[4]。

（a）金相组织   （b）TEM组织

图 3-6　加热到 100℃保温 20min 拉伸后断口附近区域的显微组织

图 3-7 为 100℃拉伸后的 EBSD 组织。扫描步长为 1.7μm，CI 平均值为 0.7。不同的衬度代表不同的晶粒取向。从图 3-7（a）可以看出一部分晶粒的取向为（111），这是因为在高温拉伸过程中，试样经历了较大的塑性变形，其中的一部分晶粒出现了择优取向；从取向差图 3-7（b）可以看出，大部分晶界为小角度晶界，其中<5°的晶界大约为 62.9%。从图 3-7（c）晶粒尺寸分布直方图可以看出，晶粒平均尺寸为 65μm。

图 3-8～图 3-10 为切向、轴向和径向 100℃拉伸的规定非比例延伸强度（$R_{p0.2}$）、抗拉强度（R_m）、断后延伸率（A_5）和断面收缩率（Z）的平均值。从图 3-8 和图 3-9 中可以看出，对于规定非比例延伸强度和抗拉强度而言，外环最低，中环次之，内环最高。就断面收缩率和延伸率而言，基本上内环最低，中环次之，外环最高。从图 3-10 可以得出，对于规定非比例延伸强度而言，变化范围为 850～940MPa，对于抗拉强度而言，变化范围为 1050～1100MPa；对于断后延伸率而言，变化范围为 15%～20.5%，对断面收缩率而言，变化范围为 61%～72%。

（a）晶粒取向面分布图和反极图

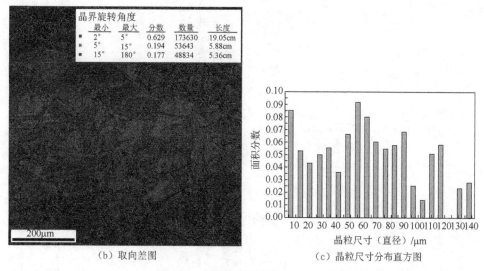

（b）取向差图　　　　　　　　（c）晶粒尺寸分布直方图

图 3-7　100℃拉伸后的 EBSD 组织

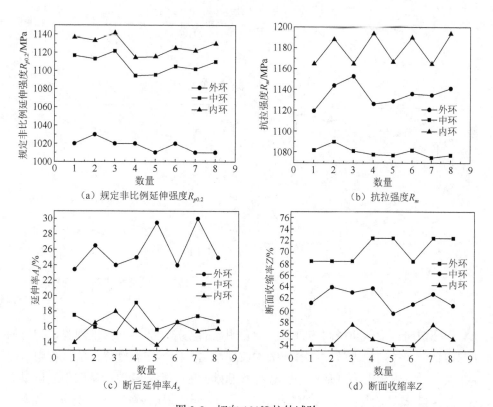

（a）规定非比例延伸强度 $R_{p0.2}$　　　　　　　（b）抗拉强度 R_m

（c）断后延伸率 A_5　　　　　　　（d）断面收缩率 Z

图 3-8　切向 100℃拉伸试验

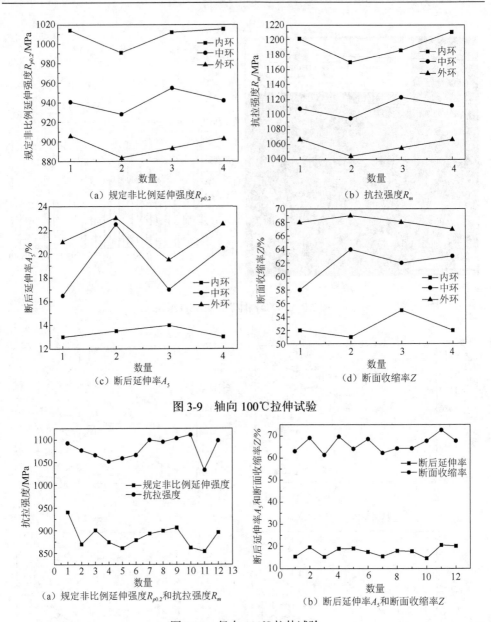

（a）规定非比例延伸强度$R_{p0.2}$　　　　　　（b）抗拉强度R_m

（c）断后延伸率A_5　　　　　　　　　　（d）断面收缩率Z

图3-9　轴向100℃拉伸试验

（a）规定非比例延伸强度$R_{p0.2}$和抗拉强度R_m　　　　（b）断后延伸率A_5和断面收缩率Z

图3-10　径向100℃拉伸试验

　　护环切向、轴向和径向的机械性能有明显的差异，即各向异性现象，护环的切向、轴向和径向的力学性能有较大的波动，这是因为在温度降低的过程中，即使在某一时刻也会因为变形的不一致导致基础性能的不一致性。从图中还可以看出，$R_{p0.2}$和R_m比较接近，一些学者担心，一旦超过屈服极限，护环会立即断裂。事实上，这不会发生。在护环的局部区域，如应力集中的圆角过渡区、孔和槽内，都可能发生屈服。局部屈服后，应力分布会发生改变，所以不会达到破坏应力的大小。在正常情况下，整体屈服是不可能的。如果出现整体屈服，即使屈强比数值低，也会导致护环断裂[5]。

　　从室温冲击试验（图 3-11）可以看出，就切向和轴向冲击而言，外环冲击功最高，中环冲击功次之，内环冲击功最低。从以上结果可知，外环的塑性要优于内环。一般来讲，对于同一位置，切向冲击功大于轴向冲击功。径向冲击功的离散性较大。

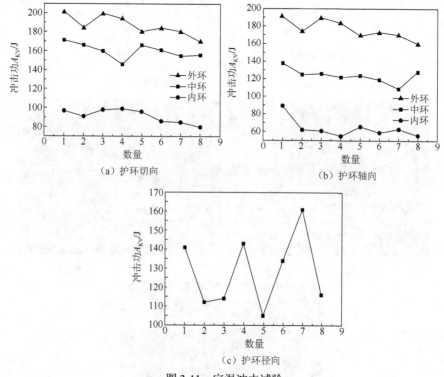

图 3-11　室温冲击试验

　　图 3-12 为护环不同位置的室温布氏硬度值。在内环、中环、外环分别取四个点进行了布氏硬度（brinell hardness，HB）的测量，求平均值。从图可以看出内环硬度值最高，平均能达到 387，中环次之为 367，外环的布氏硬度值最低为 357。

　　图 3-13 为 100℃拉伸试验断口，从图 3-13（a）可以看出，宏观断口由中心塑性断裂区和周围的剪切唇区组成。中心塑性断裂区凹凸不平，由大量的孔洞和韧窝组成，孔洞的尺度为 30～50μm；周围的剪切唇区较为平齐，由大量的细小韧窝组成。由以上分析可以看出，100℃下拉伸断裂机制为韧窝+微小孔洞。

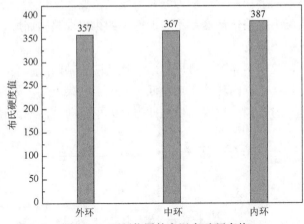

图 3-12　不同位置的室温布氏硬度值

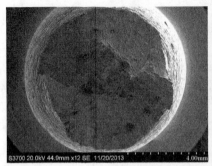

（a）宏观断口

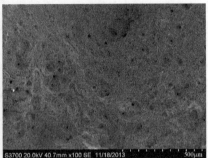

（b）中心塑性断裂区

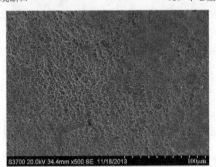

（c）剪切唇区

图 3-13　100℃拉伸试验断口

图 3-14 为室温冲击试验断口，从图 3-14（a）可以看出，宏观断口由中心塑性断裂区和周围的剪切唇区组成。中心塑性断裂区凹凸不平，由大量的韧窝组成；周围的剪切唇区较为平齐，由大量的细小韧窝组成。由以上分析可以看出，室温下拉伸断裂机制为韧窝塑性断裂。

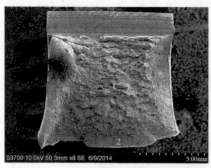
（a）宏观断口

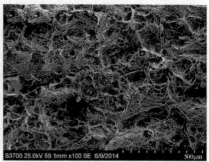
（b）中心塑性断裂区

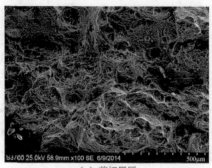
（c）剪切唇区

图 3-14　室温冲击试验断口

对护环内环切向位置进行了室温 20℃至低温-60℃的冲击试验，如图 3-15 所示，随着温度的降低，冲击功逐渐降低，在-60℃时的冲击功为 29J。

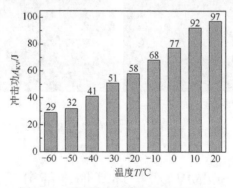

图 3-15　不同温度下的护环内环冲击功

图 3-16 为不同温度下的冲击宏观断口和微观断口，从图中可以看出，宏观断口由塑性断裂区和两侧的剪切唇区组成；微观断口由韧窝和微小孔洞组成。随着试验温度的降低，微观断口形貌呈现出浅坑形韧窝[图 3-16（b）]向脆性断裂和韧窝混合型[图 3-16（f）箭头]转变的变化规律，即发生了韧脆转变现象。

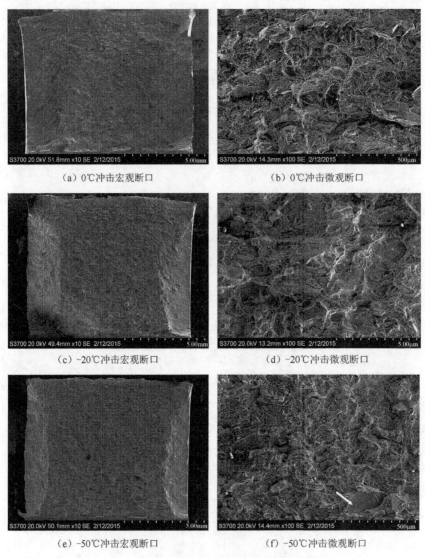

（a）0℃冲击宏观断口　　　　　　　　（b）0℃冲击微观断口

（c）-20℃冲击宏观断口　　　　　　　（d）-20℃冲击微观断口

（e）-50℃冲击宏观断口　　　　　　　（f）-50℃冲击微观断口

图3-16　不同温度下的冲击宏观和微观断口

3.5　600MW级护环其他性能分析研究

　　将应力腐蚀试样浸泡在3.5%NaCl溶液中，加载应力为590MPa，达1000h，没有发现试样表面有裂纹的出现，说明1Mn18Cr18N奥氏体不锈钢的抗应力腐蚀能力良好。测量该钢在室温下的磁导率，在磁场强度为100Oe时，测量得到的磁导率为1.0018。

3.6　本章小结

（1）护环锻件强度的分布规律是由内向外逐渐降低的，内环强度最高，中环强度次之，外环强度最低；切向强度最高，轴向强度居中，径向强度最低。

（2）护环原始中的小角度晶界比例达到 70%，CSL 特殊晶界（$\Sigma \leqslant 29$）比例为 35.2%，CSL 晶界对抑制晶粒腐蚀起到重要作用。

参 考 文 献

[1] 周维志, 孙晓洁, 李子凌. 奥氏体护环钢的发展历程[J]. 大型铸锻件, 1999（4）: 43-45.

[2] 李进, 白亚民, 王大陆. 发电机护环安全性研究[J]. 热力发电, 1998（4）: 34-41.

[3] 范丽霞, 潘春旭, 蒋昌忠, 等. 奥氏体不锈钢超高温服役过程中组织转变和晶界特征的 EBSD 研究[J]. 中国体视学和图像分析, 2005, 10（4）: 233-236.

[4] 孙世成. 高氮无镍奥氏体不锈钢的微观结构和力学性能研究[D]. 长春: 吉林大学, 2014: 18.

[5] 马最眉. 18-18 新型护环钢的应用特性[J]. 大电机技术, 1991（2）: 22-26.

第4章 铸态和锻态1Mn18Cr18N奥氏体不锈钢热压缩行为研究

4.1 引　　言

1Mn18Cr18N 奥氏体不锈钢由于具有优良的抗腐蚀性能和机械性能成为护环用材的首选。1Mn18Cr18N 奥氏体不锈钢护环的生产工序为：炼钢→铸锭→锻造电极→电渣重熔→热锻制坯→机械加工→固溶热处理→变形强化→消除应力处理→消除裂纹→检测→加工交货等。该锻件内部组织要求很高，总体的锻造比应大于 5。护环热锻后需进行超声波探伤，最终还需要冷变形强化。

1Mn18Cr18N 奥氏体不锈钢合金元素含量高，可锻温度区间较窄，在成型过程中很容易出现裂纹与粗晶等。因此，控制晶粒尺寸及其均匀性成为保证超声波探伤合格并获得良好的冷变形强化工艺性能的关键[1-3]。基于以上的实际工艺性能的考虑，必须了解 1Mn18Cr18N 奥氏体不锈钢的热变形行为，利用热物理模拟试验机和数值分析的方法，建立材料的热变形本构方程，并得出屈服应力的演变关系方程，为护环毛坯热锻工艺的制订提供有力的理论保障和试验基础[1-4]。

在本章首先对所选材料进行热压缩试验，再利用金相显微镜观察显微组织的变化，然后利用背散射衍射电子显微镜和透射电子显微镜研究热变形后的显微组织变化。

热压缩变形后的试样为圆饼状，由于变形的不均匀性，试样不同位置的变形程度差异很大，因而试样不同位置的奥氏体微观组织差异也较大。根据试样变形程度的不同，可分为三个区：难变形区（1区）、自由变形区（2区）、均匀变形区（3区）（图 4-1）。一般来说，均匀变形区的应变相当于所施加的应变，实际变形条件下，晶粒尺寸更接近真实晶粒尺寸，因此在本试验中，金相、透射和 EBSD 组织观察所采集的照片是针对均匀变形区（3区）的[5]。

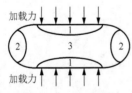

图 4-1　压缩试样分区金相组织观察图

在热变形过程中，存在着两种类型的热变形真应力-真应变曲线，即动态再结晶型和动态回复型，它们的特点在于以下阶段。

（1）变形初始阶段，真应力随真应变的增加急剧增加，然后逐渐变缓并达到一定峰值，加工硬化在此过程中占主导地位。此阶段两种类型的真应力-真应变曲线特征基本一致。

（2）峰值应力阶段，这时两种曲线的走势不同，产生的变形效果也不尽相同。动态再结晶（dynamic recrystallization，DRX）型曲线快速越过峰值区，随变形程度的增加，变形抗力逐渐减小，其原因是动态再结晶和动态回复机制的综合作用使金属材料的软化效应大于加工硬化机制的强化效应，因此，一般呈现为软化行为；而动态回复（dynamic recovery，DRV）型曲线达到峰值应力后，随变形程度的增加，变形抗力继续增大，由于动态回复机制的软化效果并未超过热加工硬化的强化效果，因此始终呈现为硬化行为。

（3）稳态应力-应变阶段，动态再结晶型真应力-真应变曲线的重要特征是随着真应变的增加，应力基本保持不变或变化很小，而变形量却持续增大，即经过峰值应力后出现低于峰值应力的稳态应力-应变阶段。此阶段主要以动态再结晶为主，晶粒均匀呈多边形且细小，金属材料更容易变形；对于动态回复型曲线，随着真应变的增加，峰值应力没有降低而是基本保持不变或是略微增加，进入一种相对稳定的阶段。这时主要是动态回复型机制的软化作用与加工硬化作用处于一种动态平衡状态，是两者互相制约的结果[5]。

4.2　铸态 1Mn18Cr18N 奥氏体不锈钢的热压缩行为

4.2.1　铸态 1Mn18Cr18N 奥氏体不锈钢的应力–应变曲线及高温流变应力模型

本节试验采用的铸态材料由宝钢集团有限公司中央研究院（技术中心）提供。热变形试验在 Gleeble-3500 热模拟试验机上进行，采用碳化钨圆柱形压头，在试样端部涂抹一层镍基高温润滑剂，试样尺寸为 $\phi 8mm \times 12mm$，在试样和压头之间添加钽片防止高温下压头与奥氏体不锈钢发生黏合。变形温度为 950℃、1000℃、1050℃、1100℃、1150℃和 1200℃，应变速率为 $0.1s^{-1}$、$0.05s^{-1}$、$0.01 s^{-1}$、$0.005s^{-1}$。分别将试样以 10℃/s 的升温速度加热到 1250℃，然后冷却到设定的变形温度，并在此温度保温 5min，然后以不同的应变速率压缩到真应变 $0.92s^{-1}$，压缩热变形结束，瞬间进行水淬处理[1]。

不同温度和应变速率下的真应力-真应变曲线，如图 4-2 所示。从图中可以看出，不同应变速率和变形温度条件下，1Mn18Cr18N 奥氏体不锈钢的真应力–

真应变曲线具有相似性。当应变速率低于 0.01s⁻¹，在热压缩的开始阶段，流变应力随应变的增加而急剧地增加，为加工硬化阶段；当流变应力超过某一应力值后，流变应力的增速明显减缓，为动态回复阶段；当真应变超过某一数值后，流变应力达到峰值应力后逐渐趋于稳定或有所下降，显微组织发生动态再结晶软化过程，变形温度越高软化效果越明显。当应变速率高于 0.05s⁻¹ 时，在热压缩的开始阶段，流变应力随应变的增加而急剧地增加，为加工硬化阶段；当流变应力超过某一应力值后，流变应力的增速明显减缓，为动态回复阶段；当真应变超过某一数值后，流变应力达到峰值应力后逐渐增加，变形温度越低硬化效果越明显。以上结果说明 1Mn18Cr18N 奥氏体不锈钢对应变速率非常敏感，具有明显的正应变速率敏感性[6]，即随着应变速率的升高，材料的流动应力显著升高。这是因为在较高的应变速率下，位错的增殖率显著增大，加工硬化的效果比动态软化的效果更加明显。而在较低的应变速率下，在变形的初期，加工硬化的速度大于动态软化的速度，曲线急剧上升；随着变形的继续，动态软化的速度大于加工硬化的速度，曲线会逐渐下降。

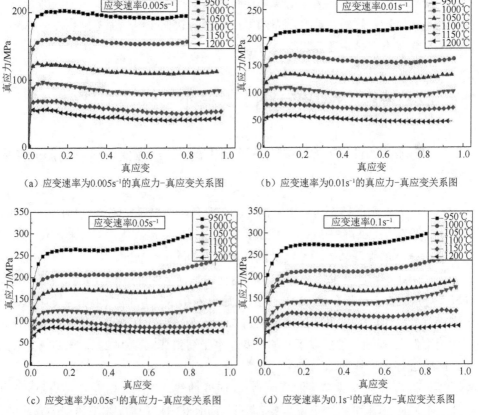

（a）应变速率为0.005s⁻¹的真应力-真应变关系图　　（b）应变速率为0.01s⁻¹的真应力-真应变关系图

（c）应变速率为0.05s⁻¹的真应力-真应变关系图　　（d）应变速率为0.1s⁻¹的真应力-真应变关系图

图4-2　1Mn18Cr18N 奥氏体不锈钢在不同温度和应变速率下的真应力-真应变关系图

Sellars 等[7]提出合金在高温变形的过程中流变应力和变形温度、应变速率之间在不同的应力状态下可以用三种模型来描述。

（1）用指数关系来描述低应力状态

$$\dot{\varepsilon} = A_1 \sigma^{n_1} \exp(-Q_{\text{def}} / RT) \tag{4-1}$$

（2）用幂函数来描述高应力状态

$$\dot{\varepsilon} = A_2 \exp(\beta\sigma) \exp(-Q_{\text{def}} / RT) \tag{4-2}$$

（3）用双曲正弦关系来描述在所有的应力状态

$$\dot{\varepsilon} = A_3 [\sinh(\alpha\sigma)]^n \exp(-Q_{\text{def}} / RT) \tag{4-3}$$

式中，A_1、A_2、A_3 为材料常数；σ 为流变应力；Q_{def} 为热变形激活能；R 为普适气体常数，R=8.31J/（mol·K）；$\dot{\varepsilon}$ 为应变速率；n_1、β 和 n 为应力指数；T 为热变形温度；α 为最优化因子。

影响热变形过程的因素主要有变形温度、应变速率和变形量，其中变形温度和应变速率对热变形过程的影响更为显著。采取模型式（4-3）来表达流变应力与变形条件之间关系。

通过图 4-2 的真应力-真应变关系图获取了不同温度和应变速率下的峰值应力。图 4-3（a）为应变速率对峰值应力的影响，可以看出在同一变形温度下，铸态 1Mn18Cr18N 奥氏体不锈钢的热变形峰值应力与应变速率呈线性关系，这说明随着应变速率的增加，峰值应力呈线性增加。图 4-3（b）为热变形峰值应力与变形温度的关系，应变速率一定时，铸态 1Mn18Cr18N 奥氏体不锈钢的热变形峰值应力与 10000/T 呈线性关系，即随着变形温度的升高，热变形峰值应力迅速降低。图 4-3（c）为热变形峰值应力与 Z 的关系，Z 参数（Zener- Hollomom）是温度校正过的应变速率，它被广泛用来表示变形温度以及应变速率对热变形过程的综合作用,通过已求得的热变形激活能 Q_{def} 值，可以计算出奥氏体不锈钢热变形的 Z 参数（$Z = \dot{\varepsilon} \exp(Q_{\text{def}}/RT) = A[\sinh(\alpha\sigma)]^n$）。从图 4-3（c）可以看出随着 Z 值的增加奥氏体不锈钢的热变形峰值应力也相应增加。

通过计算可知，$Q/(nR)$=0.843，Q=420.99kJ/mol，n=4.08，A_3=1.9×10^{17}，热变形本构方程为 $\dot{\varepsilon}$=1.9×10^{17}[sinh(0.007σ)]$^{4.08}$exp[-420990/(RT)][1]。

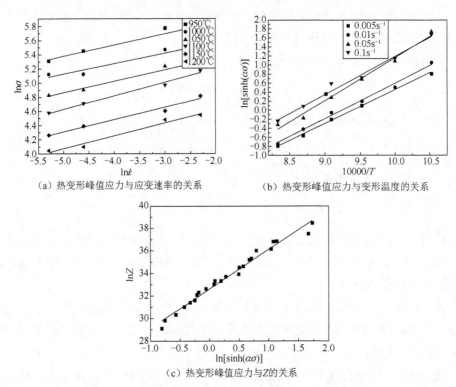

（a）热变形峰值应力与应变速率的关系　　　　（b）热变形峰值应力与变形温度的关系

（c）热变形峰值应力与Z的关系

图 4-3　不同温度下峰值应力与变形温度、应变速率的关系

图 4-4 为铸态 1Mn18Cr18N 奥氏体不锈钢的原始组织，从图可以看出晶粒尺度为 100μm，晶粒形状为多边形，晶粒内存在大量的枝晶。

图 4-4　铸态 1Mn18Cr18N 奥氏体不锈钢的原始组织

4.2.2　不同应变速率对微观组织的影响

图 4-5 为在真应变为 0.92，1150℃不同应变速率下的铸态 1Mn18Cr18N 奥氏体不锈钢组织演变。图 4-5（a）为加热至 1150℃应变速率为 0.1s⁻¹时的金相组织，可以看出，由于应变速率较大，金相组织为纤维组织，组织的伸长方向与压缩方

向成 90°，原始枝晶已经消失，在原始晶界附近有细小的动态再结晶晶粒形核。图 4-5（b）为加热至 1150℃、应变速率为 0.05s⁻¹ 时的金相组织，可以看出，金相组织一部分为纤维组织，一部分组织为再结晶组织。图 4-5（c）和图 4-5（d）分别为应变速率为 0.01s⁻¹ 和 0.005s⁻¹ 时的金相组织。从图 4-5（d）可以看出，由于变形温度较高和应变速率较小，金相组织转变为完全再结晶组织。动态再结晶程度随着应变速率的升高有所降低，原因在于应变速率越低，再结晶组织转变时间越长、转变过程越充分，因而再结晶晶粒体积分数越大。

（a）应变速率为 0.1s⁻¹ 的奥氏体组织　　　　（b）应变速率为 0.05s⁻¹ 的奥氏体组织

（c）应变速率为 0.01s⁻¹ 的奥氏体组织　　　　（d）应变速率为 0.005s⁻¹ 的奥氏体组织

图 4-5　在不同应变速率下铸态 1Mn18Cr18N 奥氏体不锈钢组织演变（变形温度 1150℃）

4.2.3　不同变形温度对微观组织的影响

图 4-6 为应变速率为 0.1s⁻¹ 时，不同变形温度下的奥氏体组织。由图 4-6 可见，当应变速率一定时，随着变形温度的升高，其微观组织发生了明显的变化。当变形温度为 950℃和 1000℃时，原始奥氏体晶粒沿变形方向被严重拉长，在原始晶界附近基本没有细小的动态再结晶晶粒形核，但能观察到变形奥氏体晶粒的"锯齿状"晶界，如 4-6 图（a）和（b）所示。随着变形温度的升高，变形程度大的晶粒与其晶界附近形成的动态再结晶小晶粒混合在一起形成"链状结构"[5]，如图 4-6（c）所示。而变形温度达到 1200℃时，绝大多数为细小的动态再结晶晶粒，表示动态再结晶过程趋于完全进行，如图 4-6（f）所示。

（a）变形温度为950℃的奥氏体组织　　　（b）变形温度为1000℃的奥氏体组织

（c）变形温度为1050℃的奥氏体组织　　　（d）变形温度为1100℃的奥氏体组织

（e）变形温度为1150℃的奥氏体组织　　　（f）变形温度为1200℃的奥氏体组织

图 4-6　在不同变形温度下 1Mn18Cr18N 奥氏体不锈钢组织演变（应变速率为 0.1s^{-1}）

4.2.4　铸态 1Mn18Cr18N 奥氏体不锈钢的热变形组织演变分析

　　由图 4-7（a）可知，原始的铸态 1Mn18Cr18N 奥氏体不锈钢透射电子显微镜（transmission electron microscope，TEM）组织内位错很少，仅存在一些层错。由图 4-7（b）可知，当温度为 1050℃、应变速率为 0.01s^{-1} 时，组织内部存在大量的位错包，位错包内有大量的位错缠结，位错密度很高。随着胞状结构不断长大，导致亚晶的产生，该亚结构也能作为动态再结晶形核的基础，如图 4-7（c）所示。同时发展完好的亚晶（subgrain）区域已经形成，亚晶粒的平均尺寸为 1μm，内部位错密度很低，将成为动态再结晶晶核。随着应变量的增加，可以观察到由大角度晶界构成的动态再结晶新晶粒，如图 4-7（d）所示。

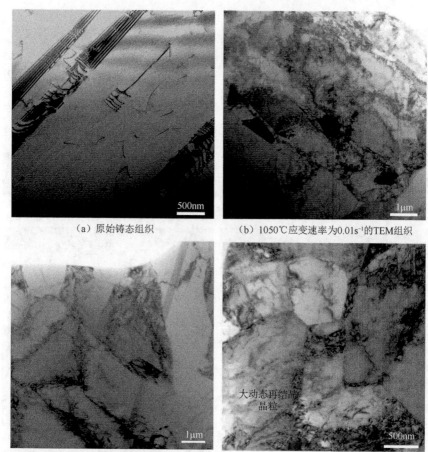

（a）原始铸态组织　　　　　　　　　（b）1050℃应变速率为0.01s⁻¹的TEM组织

（c）1150℃应变速率为0.005s⁻¹的TEM组织　　　（d）1200℃应变速率为0.005s⁻¹的TEM组织

图 4-7　不同热压缩状态下 1Mn18Cr18N 奥氏体不锈钢的 TEM 组织

　　图 4-8 为铸态奥氏体不锈钢在不同压缩变形参数下的 EBSD 取向面分布图。图 4-8 中不同衬度代表不同的晶粒取向，界面为奥氏体界面。由图 4-8（a）可知，原始材料内晶粒呈多边形状，衬度随机分布。由图 4-8（b）可知，当温度为 950℃，应变速率为 0.01s⁻¹ 时，晶粒呈纤维状，晶粒在长度方向 500～600μm，奥氏体的晶粒尺寸或者厚度逐渐减小，主要是因为变形缺陷和亚板条块的增加，同时奥氏体界面的密度也得到提高，使奥氏体晶界逐渐呈现锯齿状分布，且有小晶粒存在，热变形组织中出现了剪切变形带，变形带取向以趋向于 {001}、{111} 和 {101} 为主[5,8]。由图 4-8（c）和图 4-8（d）可知，当变形温度达到 1050℃，应变速率为 0.01s⁻¹ 和 0.005s⁻¹ 时，原始奥氏体晶粒数量明显减少，细小的动态再结晶晶粒数量大幅增加；由图 4-8（e）和图 4-8（f）可知，随着温度的升高，晶粒尺寸进一步增加，晶粒尺寸能达到 20～30μm。

（a）原始铸态组织　　　　　　（b）950℃应变速率为0.01s⁻¹的晶粒取向面分布图

（c）1050℃应变速率为0.01s⁻¹的晶粒取向面分布图　（d）1050℃应变速率为0.005s⁻¹的晶粒取向面分布图

（e）1150℃应变速率为0.005s⁻¹的晶粒取向面分布图　（f）1200℃应变速率为0.01s⁻¹的晶粒取向面分布图

图 4-8　铸态 1Mn18Cr18N 奥氏体不锈钢在不同热压缩状态下的 EBSD 取向面分布图

为了研究不同变形条件对晶粒取向和晶粒尺寸的影响，利用 EBSD 对不同变形条件下的铸态 1Mn18Cr18N 奥氏体不锈钢晶界取向分布、晶粒大小分布进行研究；大角度晶界比例越大，动态再结晶体积分数越高。同时晶粒尺寸大小分布情况中，小尺寸晶粒所占比例越大，动态再结晶体积分数越高。一般认为晶粒取向差 $\theta<15°$ 为小角度晶界，当晶粒取向差 $\theta>15°$ 为大角度晶界。取向图中不同衬度代表不同的晶粒取向，界面为奥氏体界面。由图 4-9（a）可知，对于原始铸态组织，晶粒取向随机，绝大多数为小角度晶界，比例占 69.2%。从图 4-9（b）可以看出，当变形温度为 950℃，应变速率为 $0.01s^{-1}$ 时，原始铸态奥氏体晶粒数量明显减少，组织形态为细长条的纤维组织和细小晶粒，小角度晶界比例为 71.2%，大角度晶界比例达到 28.2%。从图 4-9（c）可以看出，当变形温度为 1050℃，应变速率为 $0.01s^{-1}$ 时，细长条的纤维组织逐渐被细小的晶粒所代替，晶粒的尺度逐渐变小，小角度晶界比例为 56.1%，大角度晶界比例为 43.9%。从图 4-9（d）中可以看出，当变形温度为 1050℃，应变速率为 $0.005s^{-1}$ 时，大角度晶界比例为 45.4%，小角度晶界比例达到 54.6%。从图 4-9（e）中可以看出，当变形温度为 1150℃，应变速率为 $0.005s^{-1}$ 时，大角度晶界比例为 42.7%，晶粒尺度比 1050℃，应变速率为 $0.005s^{-1}$ 时增大。从图 4-9（f）中可以看出，当变形温度为 1200℃，应变速率为 $0.01s^{-1}$ 时，大角度晶界比例变为 61.5%，晶粒形状呈多边形，尺寸基本保持不变，说明动态再结晶过程基本结束。结果表明，变形温度越高，小角度晶界向大角度晶界的迁移越容易，从而使大角度晶界动态再结晶晶粒体积分数增大。原因是晶界迁移速率与晶界取向差密切相关，晶界迁移需要通过原子沿晶界扩散进行。小角度晶界，因为能量低，结构相对稳定，所以不易迁移和滑动。但随着变形温度的升高，晶界空位的扩散变得越来越容易，促进了小角度晶界的迁移及动态再结晶的完成。此外，动态再结晶晶粒的生长还取决于位错分布和位错密度。变形温度越高，晶界的迁移率越高，导致动态再结晶的临界位错密度降低，并促进动态再结晶的发生[5]。

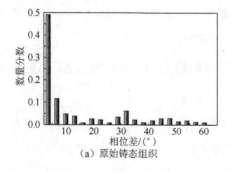

（a）原始铸态组织

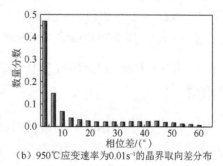

（b）950℃应变速率为0.01s^{-1}的晶界取向差分布

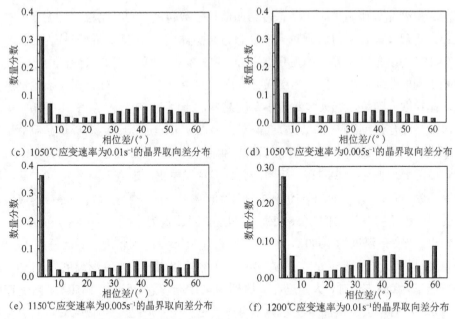

（c）1050℃应变速率为0.01s⁻¹的晶界取向差分布　　（d）1050℃应变速率为0.005s⁻¹的晶界取向差分布

（e）1150℃应变速率为0.005s⁻¹的晶界取向差分布　　（f）1200℃应变速率为0.01s⁻¹的晶界取向差分布

图4-9　不同热压缩状态下铸态1Mn18Cr18N奥氏体不锈钢的晶界取向差分布

4.3　锻态1Mn18Cr18N奥氏体不锈钢的热压缩行为

试验前将试样加热至1200℃保温4h后空冷。热变形试验在Gleeble-1500D热模拟试验机上进行，采用碳化钨圆柱形压头，在试样端部涂抹一层镍基高温润滑剂，在试样和压头之间添加钽片防止高温下压头与奥氏体不锈钢发生黏合。变形温度为900℃、950℃、1000℃、1050℃、1100℃和1200℃，应变速率为1s⁻¹、0.1s⁻¹、0.01s⁻¹、0.001s⁻¹和0.005s⁻¹。分别将试样以10℃/s的升温速度加热到1250℃，然后冷却到设定的变形温度，并在此温度保温5min，然后以不同的应变速率压缩到真应变0.92s⁻¹，压缩热变形结束，瞬间进行水淬处理[1]。

4.3.1　锻态1Mn18Cr18N奥氏体不锈钢的应力-应变曲线及高温流变应力模型

图4-10为锻态1Mn18Cr18N奥氏体不锈钢在不同温度和应变速率下的真应力-真应变关系图。从图中可以看出，应变速率分别为0.001s⁻¹、0.005s⁻¹、0.01s⁻¹、0.05s⁻¹和0.1s⁻¹，变形温度区间为900~1200℃，1Mn18Cr18N奥氏体不锈钢的真应力-真应变曲线相似度较大。

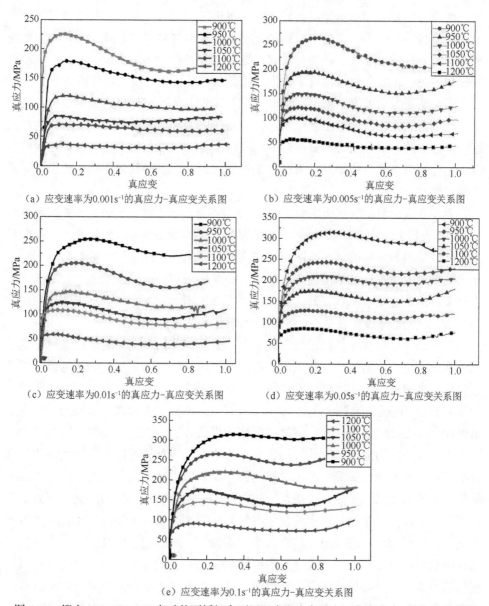

（a）应变速率为0.001s⁻¹的真应力-真应变关系图　　（b）应变速率为0.005s⁻¹的真应力-真应变关系图

（c）应变速率为0.01s⁻¹的真应力-真应变关系图　　（d）应变速率为0.05s⁻¹的真应力-真应变关系图

（e）应变速率为0.1s⁻¹的真应力-真应变关系图

图 4-10　锻态 1Mn18Cr18N 奥氏体不锈钢在不同温度和应变速率下的真应力-真应变关系图

　　当应变速率小于等于 0.01s⁻¹ 时，在热压缩的开始阶段，随应变的增大，流变应力急剧地增大，表现为加工硬化特征，此时由于变形以弹性变形为主，塑性变形相对较小，应力随应变增大而增大，在变形力作用下拉长晶粒内部位错密度持续增加，从而导致金属整体变形抗力不断增大。随流变应力的继续增加，流变应力的增长速率降低，此时进入动态回复阶段。随真应变的继续增加，流变应力逐渐达到峰值应力，之后逐渐趋于稳定或有所下降，这一阶段成为稳定应力-应变阶段，此时材料发生动态再结晶而软化，如奥氏体的动态回复，这与变形过程中交滑移和攀移等使变形中产生的位错相互抵消或重新排列有关，通常当位错重新排列时可进一步发展形成清晰的亚晶界，这种过程被称为多边形化，奥氏体的动态回复和多边形化均会使材料发生软化，且变形温度越高，软化效果越明显。

当应变速率大于等于 $0.05s^{-1}$ 时，在热压缩的开始阶段，随应变的增加，流变应力急剧增大，表现为加工硬化特征；随流变应力的继续增加，流变应力的增长速率降低，此时进入动态回复阶段。当真应变持续增加，流变应力逐渐达到峰值应力，但随后仍然有所增加，表现为加工硬化特征，且硬化效果随变形温度降低而越发明显。

上述分析说明：应变速率对 1Mn18Cr18N 奥氏体不锈钢的热加工变形行为影响较大，表现为正应变速率敏感性[5]，即材料的流动应力随着应变速率提高而明显增大。这是因为位错的增殖率随应变速率升高而增大，动态软化的效果弱于加工硬化的效果。而在低的应变速率条件下，在变形的初期阶段，动态软化的速度小于加工硬化的速度，曲线上升速度快；当变形达到一定程度时，加工硬化的速度小于动态软化的速度，曲线会趋于稳定或略有所下降。

变形温度一定时，材料在变形过程中，会发生奥氏体变形的硬化及软化，也就是变形过程中位错增殖及消失的过程。一般地，位错增殖速度与变形量无关，但位错消失速度与位错密度绝对值的大小呈正相关，即位错密度绝对值随变形量增加而增加，同时位错消失速度也相应增大，在应力-应变曲线上表现为随着变形量增加，加工硬化效果减弱，但加工硬化效果仍大于动态软化效果，因此，在该阶段中，流变应力随变形量的增加仍然不断增大，直到流变应力值达到峰值，这也是第一阶段的特征。第二阶段被称为部分动态再结晶阶段，在第一阶段中动态软化效果抵消不了加工硬化效果，金属内部畸变能随着变形量增加而不断升高，积累到一定程度后在奥氏体中将发生再结晶转变，新晶核不断在原奥氏体晶界或退火孪晶界处形成并与变形晶粒合并聚集而长大，最终将完全转变为动态再结晶晶粒组织，在该过程中，绝大部分的位错随着动态再结晶的发生而消失，材料的变形抗力逐渐下降而软化，至完全再结晶时，变形抗力下降到最低点。第三阶段为完全动态再结晶阶段，变形晶粒消失，晶粒全部为动态再结晶晶粒，进入稳定变形阶段，随着变形的继续，变形量增加，组织基本无变化。在热变形过程中材料的硬化和软化是同时进行的，动态再结晶使材料发生软化，但动态再结晶形核长大产生了新晶粒，新晶粒发生变形又产生加工硬化，位错不断的增殖与消失，当加工硬化和软化效果达到一个动态平衡时，随应变增加，流变应力趋于稳定，也就是进入应力应变稳定阶段[9]。

图 4-11（a）为热变形峰值应力与变形温度的关系，应变速率一定时，锻态

1Mn18Cr18N 奥氏体不锈钢的热变形峰值应力与 10000/T 呈正比例关系，即随着变形温度的升高，热变形峰值应力迅速降低。图 4-11（b）为应变速率对峰值应力的影响，可以看出在同一变形温度下，锻态 1Mn18Cr18N 奥氏体不锈钢的热变形峰值应力与应变速率的对数关系呈线性关系，这说明随着应变速率的增加，峰值应力呈线性增加。图 4-11（c）为热变形峰值应力与 Z 的对数关系，Z 参数是温度校正过的应变速率，它被广泛用来表示变形温度以及应变速率对热变形过程的综合作用，通过已求得的热变形激活能 Q_{def} 值，可以计算出奥氏体不锈钢热变形的 Z 参数。从图 4-11（c）可以看出，随着 Z 值的增加奥氏体不锈钢的热变形峰值应力也相应增加[1]。

因此该钢的热变形激活能 Q_{def} 为 473.7kJ/mol，热变形本构方程为

$$\dot{\varepsilon}=7.39\times10^{16}[\sinh(0.00785\sigma)]^{4.69}\exp[-473710/(RT)]$$

计算可知，应力指数 n=4.6933，A_3=7.39×10^{16}。

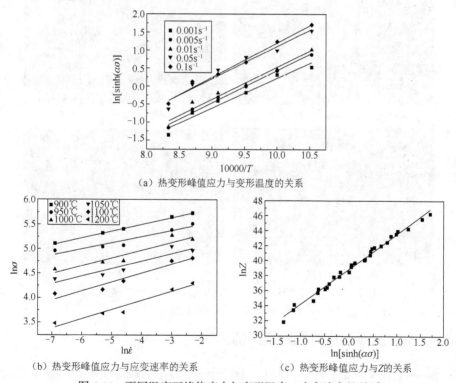

（a）热变形峰值应力与变形温度的关系

（b）热变形峰值应力与应变速率的关系　　　（c）热变形峰值应力与 Z 的关系

图 4-11　不同温度下峰值应力与变形温度、应变速率的关系

4.3.2　不同应变速率对微观组织的影响

图 4-12 为在真应变为 0.92 且变形温度为 1050℃，但不同应变速率条件下的锻态，1Mn18Cr18N 奥氏体不锈钢组织演变。图 4-12（a）所示为加热至 1050℃应

变速率为 0.1s^{-1} 时的金相组织。由图 4-12（a）可知由于应变速率较大，金相组织为纤维组织，组织的伸长方向与压缩方向成 90°角，在原始晶界附近有细小的动态再结晶晶粒形核。图 4-12（b）为加热至 1050℃应变速率为 0.05s^{-1} 时的金相组织。由图 4-12（b）可知，纤维组织已经消失，再结晶形核中心在变形带附近形成，细小的再结晶组织增多。图 4-12（c）为加热至 1050℃应变速率为 0.01s^{-1} 时的金相组织。从图中可以看出，随着应变速率降低，金相组织为大部分再结晶组织。图 4-12（d）为加热至 1050℃应变速率为 0.005s^{-1} 时的金相组织。由图 4-12（d）可知，由于应变速率较小，金相组织为完全再结晶组织。动态再结晶程度随着应变速率的升高有所降低，原因在于应变速率越低，再结晶组织转变时间越充分，因而再结晶晶粒体积分数越大。

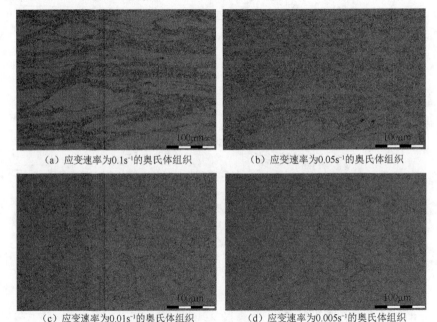

（a）应变速率为0.1s^{-1}的奥氏体组织　　　　（b）应变速率为0.05s^{-1}的奥氏体组织

（c）应变速率为0.01s^{-1}的奥氏体组织　　　　（d）应变速率为0.005s^{-1}的奥氏体组织

图 4-12　在不同应变速率下 1Mn18Cr18N 奥氏体不锈钢组织演变
（真应变为 0.92、变形温度 1050℃）

4.3.3　不同变形温度对微观组织的影响

图 4-13 为应变速率为 0.1s^{-1} 时，不同变形温度下的锻态 1Mn18Cr18N 奥氏体不锈钢组织演变。由图可见，当应变速率一定时，随着变形温度的升高，其微观组织发生了明显的变化。当变形温度为 900℃和 950℃时，原始奥氏体晶粒沿变形方向被严重拉长，在原始晶界附近分布有细小的动态再结晶晶粒形核，如图 4-13（a）和图 4-13（b）所示。随着变形温度的升高，细小的动态再结晶晶粒明显增多，而且变形大晶粒与其晶界附近形成的动态再结晶小晶粒混合在一起形成"链状结

构"，如图 4-13（c）和图 4-13（d）所示。而变形温度达到 1100℃和 1150℃时，动态再结晶晶粒的比例进一步增大，如图 4-13（e）、图 4-13（f）所示。而变形温度达到 1200℃时，绝大多数为细小的动态再结晶晶粒，表示动态再结晶过程趋于完全，如图 4-13（g）所示。

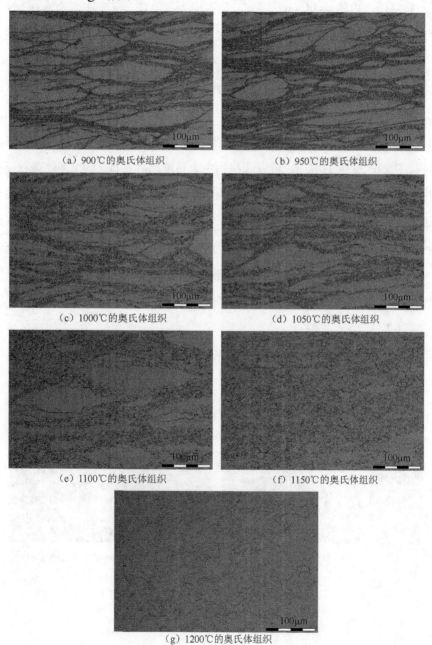

（a）900℃的奥氏体组织　　　　　　　　　（b）950℃的奥氏体组织

（c）1000℃的奥氏体组织　　　　　　　　（d）1050℃的奥氏体组织

（e）1100℃的奥氏体组织　　　　　　　　（f）1150℃的奥氏体组织

（g）1200℃的奥氏体组织

图 4-13　在不同变形温度下锻态 1Mn18Cr18N 奥氏体不锈钢组织演变（应变速率为 0.1s^{-1}）

4.3.4　锻态 1Mn18Cr18N 奥氏体不锈钢的热变形组织演变分析

由图 4-14（a）可知，原始的 1Mn18Cr18N 奥氏体不锈钢透射组织内位错很少，存在一些层错；由图 4-14（b）可知，当温度为 950℃、应变速率为 0.1s^{-1}时，组织内部存在大量的位错包，位错包内有大量的位错缠结，位错密度很高；由图 4-14（c）可知，当温度为 1050℃、应变速率为 0.1s^{-1}时，大量的位错缠结减少，出现位错墙；由图 4-14（d）可知，当温度为 1050℃、应变速率为 0.01s^{-1}时，位错包消失，位错墙组成的亚晶区域已经形成；由图 4-14（e）和图 4-14（f）可知，随着加热温度的升高，位错密度很低，内部位错密度很低的亚晶即将成为动态再结晶晶核。随着应变量的增加，可以观察到由大角度晶界构成的动态再结晶新晶粒，说明材料发生了动态再结晶。综合以上结果可知，原始奥氏体晶粒在受到某个方向压缩变形后，在晶粒内部沿一定方向产生变形带，这些变形带将晶粒分割成取向具有一定差异的亚晶，变形带之间相互交割，将奥氏体晶粒有效地分割细化成多个小亚晶，继而随着后续变形，这些亚晶逐渐倾转，取向发生改变，亚晶界通过位错的合并、重排逐渐大角化，最终形成相互独立的细小晶粒[9,10]。

（a）原始组织　　　　　　　　　　（b）950℃应变速率为0.1s^{-1}的TEM组织

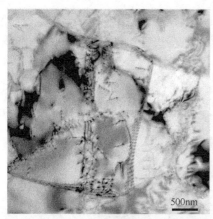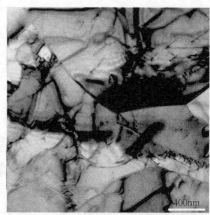

（c）1050℃应变速率为0.1s^{-1}的TEM组织　　　（d）1050℃应变速率为0.01s^{-1}的TEM组织

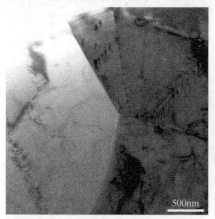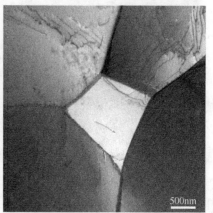

（e）1150℃应变速率为0.01s^{-1}的TEM组织　　　（f）1200℃应变速率为0.001s^{-1}的TEM组织

图 4-14　不同热压缩状态下锻态 1Mn18Cr18N 奥氏体不锈钢的 TEM 组织

图 4-15 为不同热压缩状态下锻态 1Mn18Cr18N 奥氏体不锈钢的 EBSD 晶粒取向面分布图。图中不同衬度代表不同的晶粒取向，界面为奥氏体界面。由图 4-15（a）可知，经过热处理后原始材料内晶粒呈多边形状，晶粒内部存在大量的孪晶，由多种颜色组成，颜色分布随机，同时还存在有一定数量的退火孪晶界，取向差小于 10° 的界面密度较低。由图 4-15（b）可知，当温度为 900℃、应变速率为 0.1s^{-1} 时，晶粒呈纤维状，晶粒在长度方向为 300μm 左右，奥氏体的晶粒尺寸或者厚度逐渐减小，小角度界面的比例有所增加，主要是变形缺陷和亚板条块的增加，同时奥氏体界面的密度也得到提高，使奥氏体晶界逐渐呈锯齿状分布，且有小晶粒存在，热变形组织中出现了剪切变形带，变形带取向以趋向于{001}和{111}为主[5,8,11]，此时动态回复机制仍然占主要地位。由图 4-15（c）和图 4.15（d）可知，当变形温度达到1050℃、应变速率为 0.1s^{-1} 和 0.01s^{-1} 时，原始奥氏体晶粒数量明显减少，细小的动态再结晶晶粒数量大幅增加。由图 4-15（e）可知，随着温度的升高，晶粒尺寸进一步

增加，晶粒尺寸能达到 10μm 左右。由图 4-15（f）可知，当温度 1200℃、应变速率为 0.001s⁻¹ 时，晶粒持续增大，晶粒呈多边形，在长度方向能达到 200～300μm，出现再结晶织构，以{001}和{101}为主。

（a）原始组织 　（b）900℃应变速率为0.1s⁻¹的晶粒取向分布图

（c）1050℃应变速率为0.1s⁻¹的晶粒取向分布图 　（d）1050℃应变速率为0.01s⁻¹的晶粒取向分布图

（e）1150℃应变速率为0.01s⁻¹的晶粒取向面分布图（f）1200℃应变速率为0.001s⁻¹的晶粒取向面分布图

图 4-15　不同热压缩状态下锻态 1Mn18Cr18N 奥氏体不锈钢的 EBSD 晶粒取向面分布图

　　为了研究不同变形条件对晶粒取向的影响，本节利用 EBSD 对不同变形条件下的锻态 1Mn18Cr18N 护环钢材料晶界取向差分布情况进行了计算。其中，取向差角大于 15° 的大角度晶界的体积分数表征了动态再结晶形核的进行程度。大角度晶界体积分数越大，动态再结晶体积分数越高。同时晶粒尺寸大小分布情况中，小尺寸晶粒所占比例越大，动态再结晶体积分数越高。一般认为晶粒取向差 $\theta<15°$ 为小角度晶界，当晶粒取向差 $\theta>15°$ 为大角度晶界。由图 4-16（a）可知，原始锻态组织经过热处理后，晶粒取向随机，而且基本上是大角度晶界。由图 4-16（b）可知，当变形温度为 900℃、应变速率为 0.1s^{-1} 时，由于变形温度较低和应变速率较大，组织呈纤维组织，组织的伸长方向与压缩方向成 90°，在组织内部形成了大量的小角度晶界，比例为 78.1%，这是位错不断滑移并塞积的结果。由图 4-16（c）可知，当变形温度为 1050℃、应变速率为 0.1s^{-1} 时，组织内部大量小角度晶界消失，逐渐转变为大角度晶界，大角度晶界比例达到 57%；原始奥氏体晶粒数量明显减少，细小的动态再结晶晶粒数量大幅增加，大角度晶界体积分数有所增加，且晶粒明显细化。由图 4-16（d）可知，当变形温度为 1050℃、应变速率为 0.01s^{-1} 时，晶粒的尺度逐渐变大，大角度晶界比例为 67%。这表明应变速率越低，越有利于小角度晶界向大角度晶界的迁移，从而导致具有大角度晶界的动态再结晶晶粒含量有所提高。其原因在于，晶界的迁移速率与晶界的取向差有很大关系，晶界的迁移需要通过原子沿晶界的扩散来进行。能量低、结构相对稳定的小角度晶界不易发生迁移和滑动，但随着变形温度的升高，晶界空位的扩散越来越容易进行，因而促进了小角度晶界的迁移，有利于动态再结晶的完成。此外，动态再结晶晶粒的长大依赖于位错的分布以及位错密度，变形温度越高晶界可动性越高，这样便导致动态再结晶发生的临界位错密度降低，促进动态再结晶的发生[5]。由图 4-16（e）可知大角度晶界已占主要地位，且晶粒尺寸分布以细小晶粒为主，说明动态再结晶过程已经基本完成。由图 4-16（f）可知，当温度为 1200℃，应变速率为 0.001s^{-1} 时，小角度晶界比例为 71%。

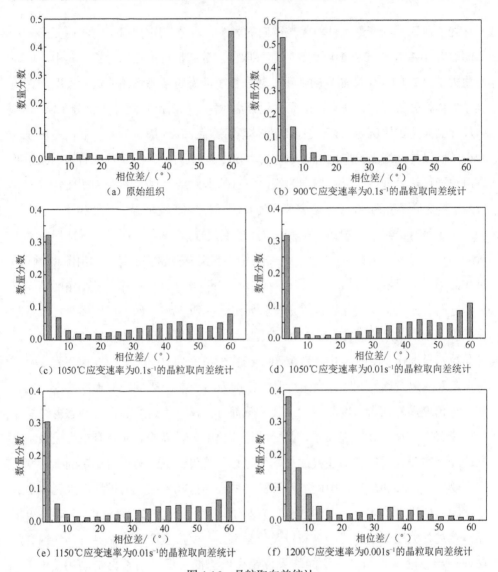

（a）原始组织

（b）900℃应变速率为0.1s⁻¹的晶粒取向差统计

（c）1050℃应变速率为0.1s⁻¹的晶粒取向差统计

（d）1050℃应变速率为0.01s⁻¹的晶粒取向差统计

（e）1150℃应变速率为0.01s⁻¹的晶粒取向差统计

（f）1200℃应变速率为0.001s⁻¹的晶粒取向差统计

图4-16 晶粒取向差统计

4.4 本 章 小 结

（1）通过对不同变形条件下 1Mn18Cr18N 奥氏体不锈钢动态再结晶应力-应变曲线研究得出，随着温度的升高和应变速率的降低，流变应力、峰值应力、峰值应变降低。结合透射电子显微镜分析技术，发现了 1Mn18Cr18N 奥氏体不锈钢亚结构主要由高密度位错墙、变形带及亚晶组成。原始奥氏体晶界为形核的优先位置，形核机制为晶界弓出机制。晶粒内部位错组态的变化所形成的亚晶为动态再结晶提供了额外的形核位置。

（2）铸态 1Mn18Cr18N 奥氏体不锈钢的热变形本构方程为

$$\dot{\varepsilon}=1.9\times10^{17}[\sinh(0.007\sigma)]^{4.08}\exp[-420990/(RT)]$$

（3）锻态 1Mn18Cr18N 奥氏体不锈钢的热变形本构方程为

$$\dot{\varepsilon}=7.39\times10^{16}[\sinh(0.00785\sigma)]^{4.69}\exp[-473710/(RT)]$$

（4）结合 EBSD 技术，分别研究了铸态和锻态 1Mn18Cr18N 奥氏体不锈钢在不同变形条件下对晶粒取向和尺寸分布的影响，研究了变形温度和应变速率对动态再结晶的影响。

参 考 文 献

[1] 王辉亭, 周灿栋, 任涛林, 等. 铸态 1Mn18Cr18N 奥氏体不锈钢热变形行为研究[J]. 大电机技术, 2014（5）: 31-34.

[2] 王艳, 王明家, 蔡大勇, 等. 高强度奥氏体不锈钢的热变形行为及其热加工图[J]. 材料热处理学报, 2005, 26（4）: 65-68.

[3] 刘文昌, 王明智, 郑灿曾. 18Mn-18Cr-0.5N 奥氏体护环钢热变形力学行为研究[J]. 热加工工艺, 1992（2）: 6-8.

[4] 郭银芳, 刘建生, 何文武. Mn18Cr18N 护环钢的动态再结晶行为及功率耗散图[J]. 机械工程材料, 2010, 34（3）: 5-8.

[5] 曹宇. 800H 合金组织演变规律与热加工工艺研究[D]. 沈阳: 东北大学, 2011:19-47.

[6] Zener C, Hollomon J H. Effect of strain rate upon plastic flow of steel[J]. Journal of Applied Physics, 1944 （15）: 22.

[7] Sellars C M, Tegart W J M. On the mechanism of hot deformation. Acta Metall, 1996, 14（9）: 1136-1138.

[8] 曹宇, 邸洪双, 张敬奇, 等. 800H 合金热变形行为及热加工性能研究[J]. 金属学报, 2013, 49（7）: 811-821.

[9] 韩宝军. 奥氏体动态再结晶晶粒超细化及其马氏体相变研究[D]. 上海: 上海交通大学, 2008:37.

[10] 王岩. δ 相对 GH4169 合金高温变形及再结晶行为的影响[D]. 哈尔滨: 哈尔滨工业大学, 2008:75-95.

[11] 杨晓雅. 核电用 316LN 奥氏体不锈钢热变形组织演变与断裂行为[D]. 北京: 北京科技大学, 2016: 85-89.

第 5 章　不同热处理工艺对 1Mn18Cr18N 奥氏体不锈钢组织和力学性能的影响

5.1　引　　言

在护环的热装配过程中，护环经常不能一次性装配成功，需要反复对护环进行加热来实现护环的热装配。日本制钢所（The Japan Steel Works，Ltd.，JSW）要求 1Mn18Cr18N 护环去应力退火工艺温度控制在 350℃±10℃（保温 5h），为了安全起见，发电设备制造厂家通常规定加热套装和拆卸护环的加热工艺温度不高于 300℃（保温 8h）[1]。目前通常由感应圈实现护环的热装配，但是感应圈加热的时间较长。在实际的生产中，会由工人使用火焰对护环直接进行加热。使用火焰直接加热，可能会造成护环局部加热时间过长或者温度过高，其结果会导致护环组织和性能发生变化。

唐述仁等[1]介绍了护环用 1Mn18Cr18N 奥氏体不锈钢在 400℃以下进行退火处理后的室温力学性能、尺寸和晶粒度等的变化规律，结果表明将护环加热套装和拆卸温度控制在 360℃以下，不会对护环的力学性能和金相组织等造成实质性的影响。根据文献[2]～文献[6]可知，影响 1Mn18Cr18N 奥氏体不锈钢组织和性能的核心因素是碳化物 $M_{23}C_6$ 的析出位置、形态和尺寸。$M_{23}C_6$ 是由铁、铬、碳组成的碳化物，属面心立方结构，其晶体结构相对复杂，一般会在 400～950℃温度范围内发生沉淀析出，析出行为与钢的热处理加工工艺关系密切。通常，$M_{23}C_6$ 碳化物的数量、形态及分布会随时效处理的改变而发生变化，且 $M_{23}C_6$ 碳化物会呈现一定规律而沉淀析出。$M_{23}C_6$ 碳化物首先在相界上成核，然后沿晶界和非共格孪晶界均会发生析出，其次沿基体相中共格孪晶界和非金属夹杂物进一步成核长大，最终在晶粒内无畸变区聚集沉淀析出。Li 等[7]和夏爽等[8]指出具有面心立方结构的 $M_{23}C_6$ 碳化物会优先在镍基 690 合金的晶粒交界处沉淀析出，其晶格常数平均为晶粒基体的 3 倍关系，并与晶界附近的晶粒表现为共格取向特征。Hong 等[9]用背散射衍射技术研究了 AISI 304 不锈钢的晶界特性与晶界碳化物之间的关系，指出碳化物倾向于晶界析出并与晶粒具有共格关系。Sasmal[10]用透射电子显微镜研究了 $M_{23}C_6$ 的析出行为，同晶界存在共格和非共格关系。孙茂才等[11]利用高温拉伸试验结果给出了护环中环位置试样在 100～600℃，保温 20min 时，非比例延伸强度 $R_{p0.2}$（MPa）与温度 T（℃）的拟合关系。

目前鲜有资料详细地说明 1Mn18Cr18N 奥氏体不锈钢在不同热处理工艺下（100～900℃，不同保温时间下）的微观组织、冲击功和 100℃的拉伸性能的对应变化关系。为此，很有必要对热装配过程实现物理模拟，研究护环用 1Mn18Cr18N 奥氏体不锈钢的金相组织、晶粒取向与力学性能的变化规律。本章试验中，拉伸试样取自护环的中环，冲击试样取自护环的内环。

5.2　不同退火温度对 1Mn18Cr18N 奥氏体不锈钢组织和力学性能的影响

图 5-1 为 1Mn18Cr18N 奥氏体不锈钢室温下和经过不同热处理后的金相组织。由图 5-1（a）可知，室温下 1Mn18Cr18N 奥氏体不锈钢为单一的奥氏体组织，晶粒尺寸为 100μm 左右，由于护环经历了大量的塑性变形，因此在晶粒内部存在大量的滑移线。由图 5-1（b）和图 5-1（c）可知，随着加热温度的升高和保温时间的延长，晶粒的尺度没有发生明显的变化，但是晶粒内滑移线逐渐减少，这说明晶粒内部的位错在减少，晶粒可能出现了一定程度的回复。由图 5-1（d）可知，当温度升高至 500℃，保温时间达到 8h，晶界处开始析出颗粒化的碳化物，不连续分布；随着加热温度的升高，滑移线继续减少，晶粒间的析出物逐渐增多，析出物沿晶界以链条状连续分布。由图 5-1（e）可知，当温度升高至 600℃，保温时间达到 4h，晶界处析出碳化物尺寸继续变大，并呈连续分布。由图 5-1（f）～图 5-1（h）可知，当加热温度达到 700℃和 800℃，晶内出现大量的析出物，随着温度的升高和保温时间的延长，当加热温度达到 900℃，晶内的析出物逐渐减少，直至消失。

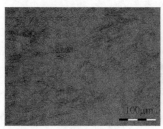

（a）室温下的金相组织　　　　　　（b）200℃保温1h后的金相组织

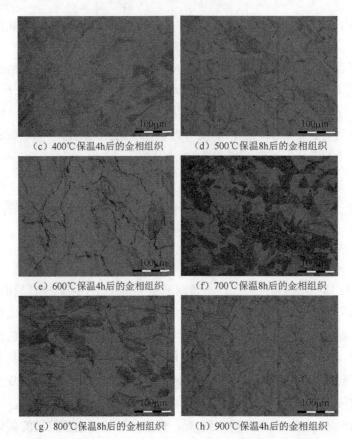

（c）400℃保温4h后的金相组织　　　　（d）500℃保温8h后的金相组织

（e）600℃保温4h后的金相组织　　　　（f）700℃保温8h后的金相组织

（g）800℃保温8h后的金相组织　　　　（h）900℃保温4h后的金相组织

图 5-1　室温和不同热处理工艺下 1Mn18Cr18N 奥氏体不锈钢的金相组织

图 5-2 为 550℃保温 1.5h 后 1Mn18Cr18N 奥氏体不锈钢的金相组织和晶界碳化物 TEM 及衍射图。从图中可以看出，550℃保温 1.5h 后晶粒大小为 60μm，在晶界处析出极少量物质，形态为颗粒状，尺寸为 70nm 左右。通过对晶内和晶界进行维氏显微硬度测试可知，晶内的维氏硬度值约为 419，晶界的维氏硬度值为 431，这说明晶界析出物的硬度要高于基体的硬度。

通过对析出物进行 EDS 分析可知（表 5-1），析出物中存在 C、N、Ti、V、Cr、Mn 和 Fe，其质量分数分别为 26.73%、24.96%、30.53%、7.15%、7.43%、1.51% 和 1.65%。

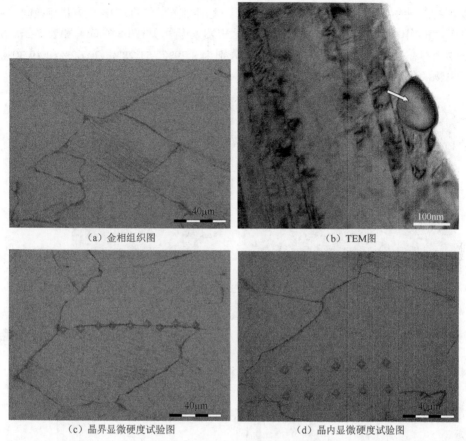

（a）金相组织图　　　　　　　　　　　　　（b）TEM图

（c）晶界显微硬度试验图　　　　　　　　　（d）晶内显微硬度试验图

图 5-2　550℃保温 1.5h 后 1Mn18Cr18N 奥氏体不锈钢的金相组织和晶界碳化物 TEM 及衍射图

表 5-1　析出物各元素的质量分数　　　　　　　　　　单位：%

元素	质量分数
C	26.73
N	24.96
Ti	30.53
V	7.15
Cr	7.43
Mn	1.51
Fe	1.65

图 5-3 为 600℃保温 4h 空冷后 1Mn18Cr18N 奥氏体不锈钢的金相组织和晶界碳化物 TEM 及衍射图。由图 5-3 可知，600℃保温 4h 后晶粒大小为 100μm，在晶界处有大量的析出物并向晶内生长，析出物形态为颗粒状，以链条形式沿晶界大量分布，析出物的尺寸在 50nm 左右，通过对晶界处的析出物 TEM 和衍射斑点分析可知，析出物具有面心立方结构，晶格常数约为奥氏体基体的 3 倍，

碳化物与一侧的奥氏体基体晶粒（grain1）之间存在明显的立方-立方位相取向关系 $[011]_{M_{23}C_6} // [011]_{\gamma}$[2-4]。通过对析出物进行 EDS 分析可知[图 5-3（c）和表 5-2]，析出物中存在 C、Cr、Mn 和 Fe，质量分数分别为 8.79%、51.28%、20.62% 和 19.30%。析出物的化学式为 $Fe_{12}Cr_6Mn_5C_6$。

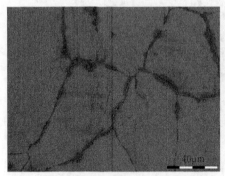

（a）600℃保温4h空冷后的金相组织

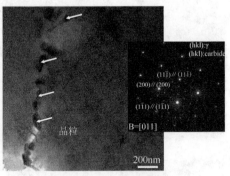

（b）晶界碳化物TEM及选区衍射图

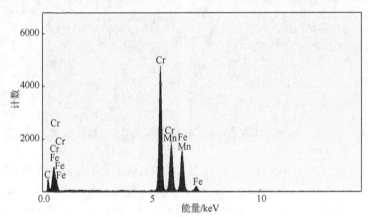

（c）析出物的EDS图

图 5-3　600℃保温 4h 空冷后 1Mn18Cr18N 奥氏体不锈钢的金相组织和晶界碳化物 TEM 及衍射图

表 5-2　析出物各元素的质量分数　　　　　　　　　单位：%

元素	质量分数
C	8.79
Cr	51.28
Mn	20.62
Fe	19.30

使用高分辨透射电子显微镜（high-esolution transmission electron microscope，HRTEM）来观察和研究碳化物和基体的共格界面，由图 5-4 可知，$(11\bar{1})_{M_{23}C_6} // (11\bar{1})_{\gamma}$，即（111）面为基体和析出碳化物提供了非常好的原子浓度，$M_{23}C_6$ 直接从基体中析出，化学反应式为：$23M+6C \longrightarrow M_{23}C_6$[7,12]。

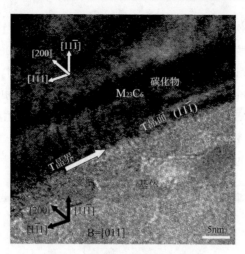

图 5-4　碳化物和基体高分辨图

在晶界处沉淀析出的 $M_{23}C_6$ 碳化物影响材料力学性能的情况较为复杂，相关文献指出 $M_{23}C_6$ 碳化物沿晶界的分布状态直接影响材料的持久强度，它会在晶界处产生钉扎作用而抑制晶界滑移。最终通常会以晶界处产生的 $M_{23}C_6$ 碳化物形成裂纹源，或由 $M_{23}C_6$ 碳化物与晶界间解聚而产生裂纹。由于 $M_{23}C_6$ 在材料晶界析出对材料的性能有着多方面的影响，因而在 1Mn18Cr18N 奥氏体不锈钢服役过程中，晶界析出的 $M_{23}C_6$ 必将对该钢的晶间腐蚀、持久强度以及断裂机理等方面产生重要影响，是影响 1Mn18Cr18N 奥氏体不锈钢安全服役的一个重要因素[13,14]。

由图 5-5（a）可知，1Mn18Cr18N 奥氏体不锈钢当加热温度为 700℃保温 4h 空冷后，析出碳化物为细长条状形态，长度为几微米，宽度为几纳米，在视野内分布较多。由图 5-5（b）可知，当加热温度为 800℃保温 4h 空冷后，析出碳化物为多边形颗粒形态，尺度为几十纳米，弥散析出[15]。

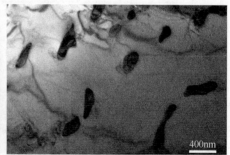

（a）700℃保温4h空冷后析出物的TEM图　　　（b）800℃保温4h空冷后析出物的TEM图

图 5-5　高温热处理空冷析出物的 TEM 图

将试样（拉伸试样取自护环的中环位置）分别加热到 100～900℃后保温不同时间进行 100℃拉伸试验的拉伸性能变化趋势，见图 5-6。当加热温度由 100℃升高至 500℃时，非比例延伸强度和抗拉强度基本保持不变；当加热温度达到 550℃时，非比例延伸强度和抗拉强度略有升高；当加热温度在 600～900℃时，非比例延伸强度和抗拉强度逐渐降低。当加热温度在 100～400℃时，随着温度的升高，断面收缩率略有降低；当温度由 500℃升高至 700℃时，断面收缩率陡降；当温度由 700℃升高至 900℃时，断面收缩率急剧升高。当加热温度由 100℃升温至 500℃时，断后延伸率略有波动；当温度由 500℃升高至 600℃时，断后延伸率下降；当温度由 600℃升高至 900℃时，断后延伸率急剧增加。

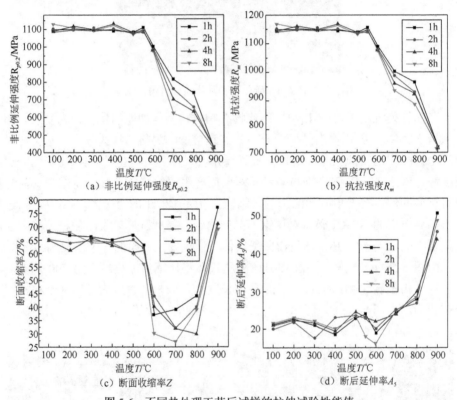

（a）非比例延伸强度 $R_{p0.2}$　　　　　　（b）抗拉强度 R_m

（c）断面收缩率 Z　　　　　　（d）断后延伸率 A_5

图 5-6　不同热处理工艺后试样的拉伸试验性能值

结合以上的金相和 TEM 图可以看出，析出碳化物的形态和析出位置对材料的塑性有非常大的影响。即碳化物在晶内析出或者沿晶界链状连续析出时，会损害基体的强度；碳化物沿晶界以不连续的颗粒状析出时，则会增强基体的强度。Roy 等[16]对 Inconel617 合金拉伸性能受温度影响行为进行了研究，结果表明该合金在 600℃～700℃时的抗拉强度和非比例延伸强度反而比 800～900℃时要低，主要是因为在 800℃～900℃温度区间晶界处发生 $M_{23}C_6$ 弥散析出，在变形过程中起到钉扎作用阻碍位错的滑移，从而改善了 Inconel617 合金的性能。

图 5-7 为不同热处理工艺后，在 100℃进行试验的试样拉伸宏观和微观（100

倍）断口。由图 5-7（a）和图 5-7（b）可知试样经过 300℃保温 1h 空冷，接着在
100℃进行拉伸后，试样宏观断口凹凸不平，内部存在一些的微小孔洞，说明断裂
是由微小孔洞的聚集长大直至互相联合引起的，断裂机制属于韧窝+微小孔洞。由
图 5-7（c）和图 5-7（d）可知，试样经过 500℃保温 8h 空冷，接着在 100℃进行
拉伸后，宏观断口由大量的舌状花纹组成，从微观照片可以看出在舌状花纹之间
存在微小裂纹，这说明断裂机制为沿晶脆性断裂。由图 5-7（e）和图 5-7（f）可
知，试样经过 600℃保温 1h 空冷，接着在 100℃进行拉伸后，宏观断口中的剪切
唇区较大，中心的塑性断裂区较小，从微观照片可以看出在冰糖状花样之间存在
较深的裂纹，这说明断裂机制为脆性断裂。由图 5-7（g）和图 5-7（h）可知，试
样经过 700℃保温 4h 空冷，接着在 100℃进行拉伸后，宏观断口的河流状花样消
失，剪切唇区加大，从微观照片可以看出在河流状花样之间存在大量微小裂纹，
这说明断裂机制为脆性断裂。由以上的分析可知，随着温度的升高和保温时间的
延长，断裂形式由韧性断裂逐步转化为脆性断裂。由图 5-7（i）和图 5-7（j）可知，
试样经过 900℃保温 8h 空冷，接着在 100℃进行拉伸后，剪切唇区减小，颈缩现
象明显，微观断口内部存在一些的微小孔洞，说明断裂是由微小孔洞的聚集长大
引起的，断裂机制属于韧窝+微小孔洞。

 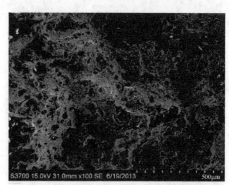

（a）加热到300℃保温1h空冷后在100℃拉伸的宏观断口　（b）加热到300℃保温1h空冷后在100℃拉伸的微观断口

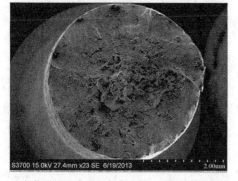 

（c）加热到500℃保温8h空冷后在100℃拉伸的宏观断口　（d）加热到500℃保温8h空冷后在100℃拉伸的微观断口

（e）加热到600℃保温1h空冷后在100℃拉伸的宏观断口　（f）加热到600℃保温1h空冷后在100℃拉伸的微观断口

（g）加热到700℃保温4h空冷后在100℃拉伸的宏观断口　（h）加热到700℃保温4h空冷后在100℃拉伸的微观断口

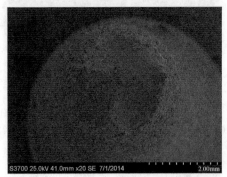

（i）加热到900℃保温8h空冷后在100℃拉伸的宏观断口　（j）加热到900℃保温8h空冷后在100℃拉伸的微观断口

图5-7　不同热处理工艺后的拉伸宏观和微观断口

　　图5-8为将试样分别加热到100～900℃后保温不同时间空冷后的室温冲击功。由试验结果可知室温下冲击功为90J。由图5-8（a）～图5-8（d）可知，随着温度的升高（100～400℃）和保温时间的延长，冲击功基本保持不变，范围为80～100J。由图5-8（e）～图5-8（g）可知，当温度由500℃升高至700℃时，随着保温时间的延长，冲击功陡降，降低至不足20J。由图5-8（h）可知，当温度升高至800℃

时，冲击功出现较大幅度的增长，随着保温时间的延长，冲击功由 200J 降低至 100J。由图 5-8（i）可知，当温度升高至 900℃时，冲击功继续的增长，随着保温时间的延长，冲击功由 300J 降低至 220J。

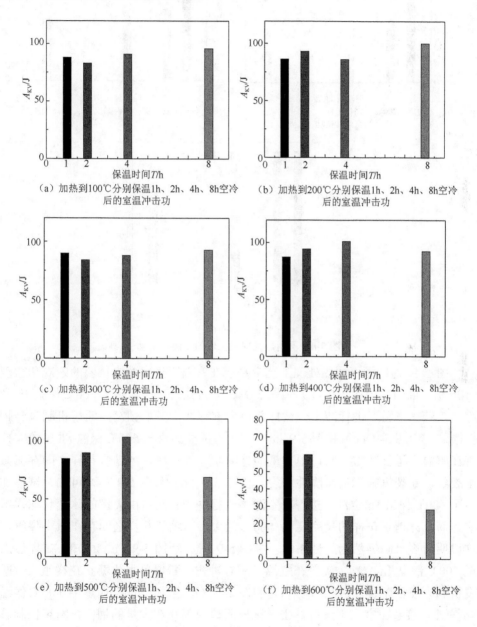

（a）加热到100℃分别保温1h、2h、4h、8h空冷后的室温冲击功

（b）加热到200℃分别保温1h、2h、4h、8h空冷后的室温冲击功

（c）加热到300℃分别保温1h、2h、4h、8h空冷后的室温冲击功

（d）加热到400℃分别保温1h、2h、4h、8h空冷后的室温冲击功

（e）加热到500℃分别保温1h、2h、4h、8h空冷后的室温冲击功

（f）加热到600℃分别保温1h、2h、4h、8h空冷后的室温冲击功

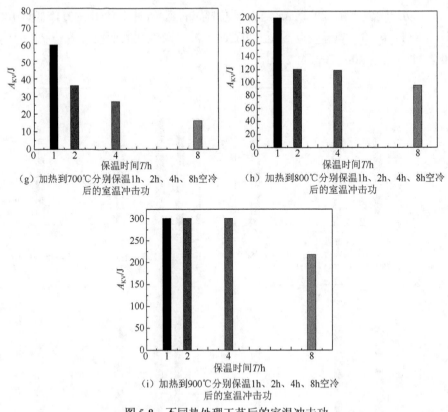

（g）加热到700℃分别保温1h、2h、4h、8h空冷
后的室温冲击功

（h）加热到800℃分别保温1h、2h、4h、8h空冷
后的室温冲击功

（i）加热到900℃分别保温1h、2h、4h、8h空冷
后的室温冲击功

图 5-8　不同热处理工艺后的室温冲击功

图 5-9 为进行不同热处理工艺空冷后在室温下进行冲击试验的宏观和微观
（100 倍）断口。由图 5-9（a）和图 5-9（b）可知，试样加热至 300℃保温 1h 空
冷，接着在室温下进行冲击，试样断口内部存在大量的韧窝，断裂机制属于韧
性断裂。由图 5-9（c）和图 5-9（d）可知，试样加热至 500℃保温 8h 空冷，接
着在室温下进行冲击，断口由大量的冰糖状花样组成，冰糖状花样之间存在微
小裂纹，断裂机制为沿晶脆性断裂。由图 5-9（e）和图 5-9（f）可知，试样加
热至 600℃保温 1h 空冷，接着在室温下进行冲击，断口由大量的冰糖状花样组
成，而且冰糖状花样的尺度要比 500℃的大，冰糖状花样之间存在微小裂纹，
这说明断裂机制仍然为脆性断裂。由图 5-9（g）和图 5-9（h）可知，试样加热
至 700℃保温 4h 空冷，接着在室温下进行冲击，断口仍由冰糖状花样组成，断
裂机制为脆性断裂。由图 5-9（i）和图 5-9（j）可知，试样加热至 900℃保温
8h 空冷，接着在室温下进行冲击，试样断口内部存在大量的韧窝，断裂机制属
于韧性断裂。

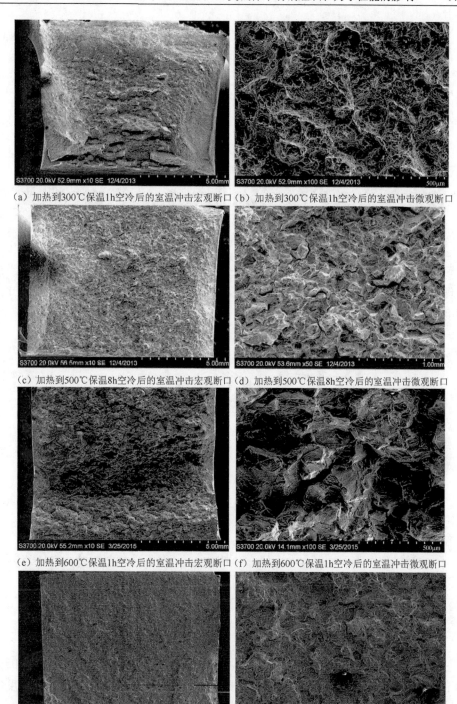

（a）加热到300℃保温1h空冷后的室温冲击宏观断口（b）加热到300℃保温1h空冷后的室温冲击微观断口

（c）加热到500℃保温8h空冷后的室温冲击宏观断口（d）加热到500℃保温8h空冷后的室温冲击微观断口

（e）加热到600℃保温1h空冷后的室温冲击宏观断口（f）加热到600℃保温1h空冷后的室温冲击微观断口

（g）加热到700℃保温4h空冷后的室温冲击宏观断口（h）加热到700℃保温4h空冷后的室温冲击微观断口

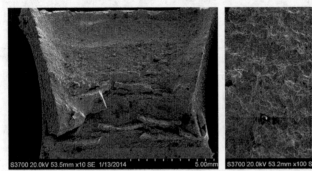

（i）加热到900℃保温8h空冷后的室温冲击宏观断口（j）加热到900℃保温8h空冷后的室温冲击微观断口

图 5-9　不同热处理工艺下的冲击试验的宏观和微观断口

图 5-10 为不同热处理工艺后再进行室温的硬度测试。从图中可以看出，当热处理温度低于 550℃时，随着温度的升高，硬度值逐渐增大；当温度高于 550℃时，硬度值逐渐降低。

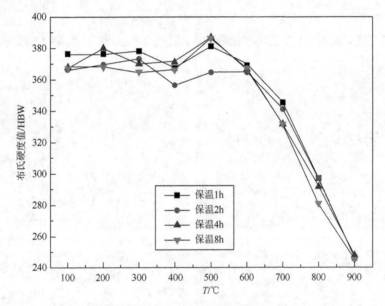

图 5-10　不同热处理后室温下内环处的布氏硬度分布规律

根据《汽轮发电机无磁性合金钢护环锻件技术规范》（0EA.640.417—2005）标准的要求，磁导率≤1.05H/m[17]。由图 5-11 可知，随着保温时间和加热温度的不同，磁导率没有大的变化，变化范围为 1.00171～1.00180H/m。

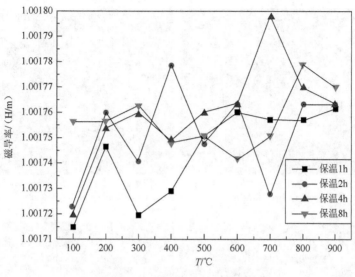

图 5-11　不同热处理下的磁导率

5.3　等温析出过程对 1Mn18Cr18N 奥氏体不锈钢组织和力学性能的影响

图 5-12 为不同等温热处理过程的金相组织。从图中可以看出，随着等温时间的延长，析出过程为：沿晶界以链条状析出→沿三晶界交汇处以胞状析出伴随少量的晶内析出→逐渐向晶内生长并与晶内析出相连，呈层片状布满整个晶面。

图 5-13 为不同等温析出过程的 TEM 组织衍射斑点、化学成分。从图 5-13 可以看出，1000℃保温 1h 后晶粒大小为 100μm，在晶界处有大量的析出物并向晶内生长，析出物形态为颗粒状，以链条形式沿晶界大量分布，析出物的尺寸在 50nm 左右，通过对晶界处的析出物 TEM 和衍射斑点分析可知，析出物具有面心立方结构，晶格常数约为奥氏体基体的 3 倍，碳化物与一侧的奥氏体基体晶粒之间存在明显的立方-立方位相取向关系 $[011]M_{23}C_6 /\!/ [011]_\gamma$。通过对析出物进行 EDS 分析可知[图 5-13（f）和表 5-3]，析出物中存在 C、Cr、Mn、V 和 Fe，质量分数分别为 62.09%、26.42%、7.17%、0.15%和 4.15%。

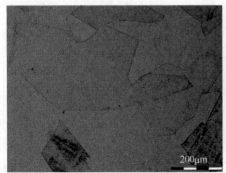

（a）1000℃保温1h随炉冷却900℃再　　　　　（b）1000℃保温1h随炉冷却900℃再
保温15min水淬的金相组织　　　　　　　　保温30min水淬的金相组织

（c）1000℃保温1h随炉冷却900℃再　　　　　（d）1000℃保温1h随炉冷却900℃再
保温60min水淬的金相组织　　　　　　　　保温120min水淬的金相组织

图 5-12　不同等温热处理过程的金相组织

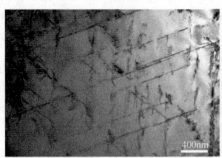

（a）1000℃保温1h随炉冷却900℃再　　　　　（b）1000℃保温1h随炉冷却900℃再
保温15min水淬的TEM组织　　　　　　　　保温30min水淬的TEM组织

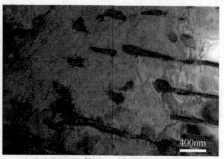

（c）1000℃保温1h随炉冷却900℃再　　　　　　（d）1000℃保温1h随炉冷却900℃再
保温60min水淬的TEM组织　　　　　　　　　保温120min水淬的TEM组织

（e）保温1h随炉冷却900℃再保温120min水淬后析出物和基体复合衍射斑点

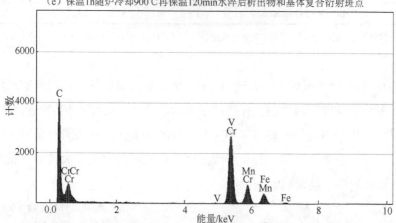

（f）保温1h随炉冷却900℃再保温120min水淬后析出物化学成分

图 5-13　不同等温析出过程的 TEM 组织、衍射斑点、化学成分

表 5-3　析出物各元素的质量分数　　　　　　　　单位：%

元素	质量分数
C	62.09
Cr	26.42
Mn	7.17
V	0.15
Fe	4.15

力学性能试样取自护环的外环部分。表 5-4 为不同热处理工艺下的非比例延伸强度 $R_{p0.2}$、抗拉强度 R_m、断后延伸率 A_5、断面收缩率 Z、室温冲击功 A_{KV} 和布氏硬度的平均值。从表看出，当热处理工艺为从 1000℃保温 1h，然后 900℃保温 15min，最后水淬，变化到 1000℃保温 1h，然后 900℃保温 120min，最后水淬时，非比例延伸强度值变化范围为 456～485MPa；抗拉强度值变化范围为 745～762MPa；断后延伸率变化范围为 53%～54%；断面收缩率变化范围为 78%～80%；冲击功的变化范围为 239～291J；布氏硬度变化范围为 238～243HBW。从拉伸、冲击、硬度试验结果可知，晶内的析出物对于材料的塑性有很大的增强作用。

表 5-4　不同等温析出过程下 1Mn18Cr18N 奥氏体不锈钢力学性能

试样编号	热处理工艺	$R_{P0.2}$ /MPa	R_m /MPa	A_5 /%	Z /%	A_{KV} /J	布氏硬度
1	1000℃/1h+900℃/15min+水淬	485	755	54.0	78	287	238
2	1000℃/1h+900℃/30min+水淬	474	754	53.5	80	284	243
3	1000℃/1h+900℃/60min+水淬	456	745	53.0	80	239	239
4	1000℃/1h+900℃/120min+水淬	484	762	53.0	79	291	241

注：硬度试验参数：试验力-球直径平方的比率 $0.102×F/D^2=30$（N/mm^2）；球直径 $D=5$mm；试验力 $F=2355$N；保持时间为 12s

图 5-14 为不同等温析出热处理后，在 100℃进行试验的拉伸试样宏观和微观（100 倍）断口。从图可以看出试样经过不同的热处理，接着在 100℃进行拉伸后，试样宏观断口分为周围的剪切唇区和中心的瞬时断裂区，中心瞬时断裂区凹凸不平，内部存在一些微小孔洞，说明断裂是由微小孔洞的聚集长大直至互相联合引起的，断裂机制属于韧窝+微小孔洞。

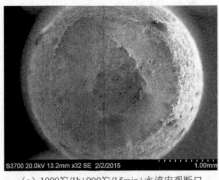 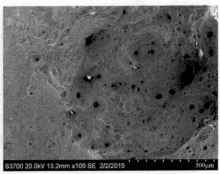

　（a）1000℃/1h+900℃/15min+水淬宏观断口　　　（b）1000℃/1h+900℃/15min+水淬微观断口

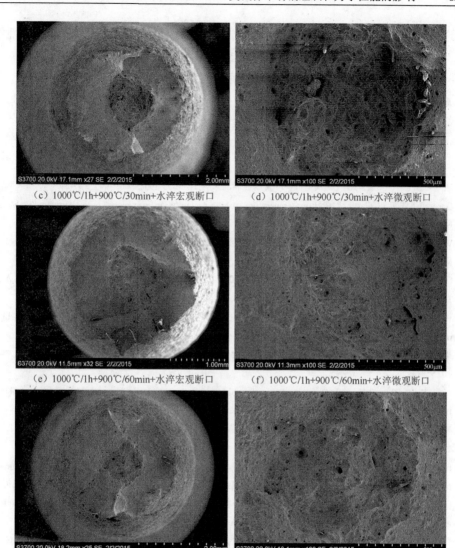

　　　　（c）1000℃/1h+900℃/30min+水淬宏观断口　　　　（d）1000℃/1h+900℃/30min+水淬微观断口

　　　　（e）1000℃/1h+900℃/60min+水淬宏观断口　　　　（f）1000℃/1h+900℃/60min+水淬微观断口

　　　　（g）1000℃/1h+900℃/120min+水淬宏观断口　　　　（h）1000℃/1h+900℃/120min+水淬微观断口

图 5-14　不同等温析出过程的拉伸宏观和微观断口

5.4　本 章 小 结

　　（1）护环用 1Mn18Cr18N 奥氏体不锈钢加热至 350℃ 以下时组织正常，到 400℃时滑移线开始粗化，500℃保温 8h 以上会在晶界析出大量的碳化物；随着加热温度的升高，当温度升高至 700℃，保温达到 8h 时，晶内会出现大量的析出物。由试验结果可知少量的碳化物析出在晶界处时，将会造成力学性能的提升；当大量的链状碳化物析出在晶界处时，将会造成力学性能的急剧降低，特别是塑性指标；当杆状碳化物在晶界内析出时，将会使材料的冲击韧性大量的提高。

（2）析出碳化物与基体之间存在明确的位相取向关系。

参 考 文 献

[1] 唐述仁, 王静. 热装卸对汽轮发电机护环使用性能的影响[J]. 东方电机, 2009（4）: 47-51.

[2] Garosshen T J, McCarthy G P. Low temperature carbide precipitation in a nickel base superalloy[J]. Metall Mater Trans A, 1985, 16（7）: 1213-1223.

[3] Weiss B, Stickler R. Phase instabilities during high temperature exposure of 316 austenitic stainless steel[J]. Metall Mater Trans A, 1972, 3（4）: 851-866.

[4] Guan K S, Xu X D, Xu H, et al. Effect of aging at 700℃ on precipitation and toughness of AISI321 and AISI 347 austenitic stainless steel welds[J]. Nuclear Engineering And Design, 2005, 235（23）: 2485-2494.

[5] Wang L J, Sheng L Y, Hong C M. Influence of grain boundary carbides on mechanical properties of high nitrogen austenitic stainless steel[J]. Nuclear Engineering and Design, 2012, 37: 349-355.

[6] 平韶波. 超（超）临界机组用钢 Super304H 中 $M_{23}C_6$ 相的析出动力学研究[D]. 广州: 华南理工大学, 2015: 11.

[7] Li H, Xia S, Zhou B X, et al. The dependence of carbide morphology on grain boundary character in the highly twinned Alloy 690 [J]. Journal of Nuclear Materials, 2010, 399（1）:108-113.

[8] 夏爽, 李慧, 周郑新, 等. 核电站关键材料中的晶界工程问题[J]. 上海大学学报（自然科学版）, 2011, 17（4）: 522-528.

[9] Hong H U, Rho B S, Nam S W. Correlation of the $M_{23}C_6$ precipitation morphology with grain boundary characteristics in austenitic stainless steel[J]. Materials Science and Engineering, 2001, 318（1-2）: 285-292.

[10] Sasmal B. Mechanism of the formation of lamellar $M_{23}C_6$ at and near twin boundaries in austenitic stainless steels[J]. Metallurgical and Materials Transactions A 1999, 30（11）: 2791-2801.

[11] 孙茂才, 郭成海, 刘玉明. Mn18Cr18 新型 200MW 汽轮发电机护环材料高温性能[J]. 大电机技术, 1990（3）: 21-22.

[12] Min K S, Nam S W. Correlation between characteristics of grain boundary carbides and creep-fatigue properties in AISI 321 stainless steel[J]. Journal of Nuclear Materials, 2003, 322（2-3）: 91-97.

[13] 方园园. 新型奥氏体耐热钢 HR3C 的析出相分析[D]. 大连: 大连理工大学, 2010: 21-26.

[14] Lewis M H, Hattersley B. Precipitation of $M_{23}C_6$ in austenitie steels [J]. Acta Metallurgica Sinica, 1965, 13（11）: 1159-1168.

[15] 柏广海, 胡锐, 李金山, 等. Ni-Cr-W 基高温合金二次 $M_{23}C_6$ 析出行为[J]. 稀有金属材料与工程, 2011, 40（10）: 1737-1741.

[16] Roy A K, Marthandam V. Mechanism of Yield Strength Anomaly of Alloy 617 [J]. Materials Science and Engineering, 2009, 517（1-2）: 276-280.

[17] 王辉亭, 李文君, 过洁, 等. 汽轮发电机无磁性合金钢护环锻件技术规范: 0EA.640.417[S]. 哈尔滨电机厂有限责任公司, 2005.

第6章　1Mn18Cr18N 奥氏体不锈钢室温高周疲劳和高温低周疲劳试验研究

6.1　引　　言

　　护环除在安装过程中受到预紧力的作用外，在正常工况下由于机组频繁启停机同时还受到交变载荷作用，尤其是在机组调峰运行时，护环受到的动态热应力波动更为显著。因此，实际工况中的护环受到机械应力与交变应力的交互作用，极易使护环发生疲劳破坏。为了保证护环的使用周期和安全稳定性，对护环材料的疲劳强度的研究具有非常重要的现实意义[1,2]。同时，护环用 1Mn18Cr18N 奥氏体不锈钢疲劳性能的研究也甚少报道。本章研究 600MW 以上汽轮发电机护环用 1Mn18Cr18N 奥氏体不锈钢的室温高周和高温低周循环条件下的疲劳断裂与疲劳破坏机制，深入研讨疲劳裂纹内部萌生的内在机理，并建立了表征高周疲劳寿命和低周疲劳寿命的数学模型。在对护环用 1Mn18Cr18N 奥氏体不锈钢进行高温低周疲劳和室温高周疲劳试验的基础上，拟合出表征材料应变与寿命及应力与寿命的关系曲线，建立应变与寿命及应力与寿命的数学模型，并结合扫描电子显微镜断口显微分析，探讨应变（应力）对材料高温低周和常温高周循环加载条件下的疲劳性能的影响，为选材和设计提供了数据参考[3]；并通过金相、SEM 和 TEM 观察手段对护环用 1Mn18Cr18N 奥氏体不锈钢在不同应变幅下的拉-压疲劳微观位错结构进行了系统观察研究。

6.2　1Mn18Cr18N 奥氏体不锈钢室温高周疲劳试验研究

　　图 6-1 为室温下护环用 1Mn18Cr18N 奥氏体不锈钢拉伸条件下的应力-应变曲线，由计算结果可知 $R_{p0.2}$=1069.28MPa，R_m=1069.67MPa。

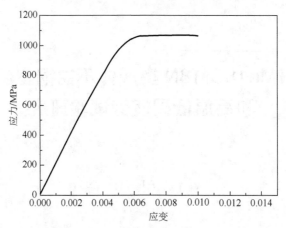

图 6-1　1Mn18Cr18N 奥氏体不锈钢室温拉伸条件下的应力-应变曲线

表 6-1 为护环用 1Mn18Cr18N 奥氏体不锈钢高周疲劳试验结果。

表 6-1　1Mn18Cr18N 奥氏体不锈钢高周疲劳试验结果

序号	最大应力/MPa	应力比	直径/mm	循环周次/周次	是否断裂
1	500	−1	7.00	330000	是
2	450	−1	7.00	1740000	是
3	520	−1	6.98	130000	是
4	540	−1	7.01	46000	是
5	480	−1	6.98	417000	是
6	460	−1	6.98	350000	是
7	460	−1	7.01	510000	是
8	440	−1	6.99	534000	是
9	420	−1	6.98	1945000	是
10	400	−1	7.02	4159000	是
11	382	−1	7.02	6069000	是
12	365	−1	7.02	4699000	是
13	350	−1	7.01	6534000	是
14	335	−1	7.02	10000000	否
15	350	−1	7.01	2585000	是
16	335	−1	7.02	7345000	是
17	320	−1	7.02	4688000	是
18	305	−1	7.01	10000000	否
19	320	−1	7.02	10000000	否
20	335	−1	7.00	4103000	是
21	320	−1	7.01	10000000	否
22	335	−1	7.01	8864000	是
23	320	−1	7.02	9820000	否

根据文献[4]可知，不锈钢循环应力响应曲线在不同塑性应变幅下大致可以分为两种类型：在较低塑性应变幅下，材料表现为明显而持续的循环软化行为；而在较高塑性应变幅下，材料在最初几十周表现出循环硬化而后表现为明显的循环软化特点。图 6-2 为根据 1Mn18Cr18N 奥氏体不锈钢室温高周疲劳试验结果所作的 S-N 拟合图和 S-lgN 的拟合图。由图 6-2（a）可知，其纵坐标为循环拉应力和循环压应力的平均值，横坐标为循环周次。1Mn18Cr18N 奥氏体不锈钢在 $0\sim2\times10^6$ 周次的范围内的 S-N 曲线斜率急剧下降；在 $2\times10^6\sim8\times10^6$ 周次范围内曲线逐渐保持平缓，其中平缓区域对应的载荷应力幅约为 350MPa，在此应力幅下，试样仍然可以发生疲劳断裂。用相关系数进行了 S-lgN 曲线的直线拟合检验，通过检验证明了 S 与 lgN 之间符合线性关系[4-6]。对室温下的高周疲劳数据的 S-N 关系进行拟合，即

$$\begin{cases} 10^{0.00988S} N = 10^{10.2276} \\ R^2 = 0.90079 \end{cases} \tag{6-1}$$

式中，S 为应力，MPa；N 为循环周次；R 为拟合相似度。

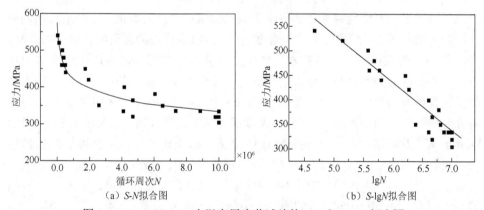

（a）S-N 拟合图　　　　　　　　　　（b）S-lgN 拟合图

图 6-2　1Mn18Cr18N 室温高周疲劳试验的 S-N 和 S-lgN 拟合图

图 6-3 为室温下 1Mn18Cr18N 奥氏体不锈钢试样疲劳处的 TEM 组织和金相组织。由图 6-3（a）可知，室温交变载荷作用下，材料内部位错密度很高，出现大量的位错缠结。由图 6-3（b）可知，在切应力作用下，出现大量的位错滑动，产生平行或交叉的滑移线。根据观察，奥氏体晶粒内滑移线之间的夹角为 57°～70°。根据晶体学理论，（111）晶面之间的夹角理论计算值为 70°32′。实测值基本符合晶体学的位相关系。根据传统金属学理论，由于面心立方结构存在大量的滑移系，金属在相对低的温度下会产生孪晶。高氮奥氏体不锈钢中的高锰含量使奥氏体不锈钢的层错能降低，平面位错结构极易产生，位错随塑性变形的增大而不断增殖，增殖的位错产生钉扎作用容易产生局部应力集中。但孪晶的生成改变了晶体的位相结构使应力集中得到一定程度的缓解，产生新的滑移，促进塑性变

形进一步进行[7]。

　　　　（a）TEM组织

　　　　（b）金相组织

图 6-3　室温下 1Mn18Cr18N 奥氏体不锈钢试样疲劳处的显微组织

　　图 6-4 为奥氏体不锈钢室温高周疲劳状态下的位错形态 TEM 图。图 6-4（a）为高密度位错缠结，在疲劳试验的初期由于积累的塑性应变在最初的几周就达到了较高的水平，使得微观位错密度迅速增加，位错之间的相互缠结与交割剧烈，使得变形初期的变形抗力很大。图 6-4（b）和图 6-4（c）分别为双滑移和多滑移现象，前者是由两个滑移系开动位错形成的位错形态；后者是由三个滑移系同时开动的多滑移组态，滑移带上位错密度较低，滑移带形成的通道内位错分布杂乱，多滑移的开动应该与某些晶粒本身处于多滑移取向或局部晶粒承受应变集中所致。图 6-4（d）为孪晶与层错。以往认为高锰钢的变形硬化是由于变形过程中产生了应变诱发马氏体所导致，在 20 世纪 60 年代初 White 等[8]采用 X 射线衍射法研究分析高锰钢的变形硬化行为，马氏体不会在室温到-196℃变形的过程中出现。Dastur 等[9]及石德珂等[10]用高分辨透射电子显微镜研究分析了变形后的显微特征，仅存在层错与孪晶特征。研究结果表明变形硬化与应变诱发马氏体不相关，与层错、孪晶的产生密切相关。不锈钢和高锰钢具有类似的特征：室温下高锰钢的层错能约为 50mJ/m^2，利用 Schramm 经验关系式[11, 12]，层错能 γ_{SF} = -53+6.2Ni%+0.7Cr%+3.2Mn%+9.3Mo%，计算得到不锈钢的层错能 γ_{SF} 为 11.2mJ/m^2，不锈钢和高锰钢的层错能数量级相同，均不超过 100 mJ/m^2，它们均属于低层错能材料，并且随着试验温度的降低层错能会更小；而在变形的过程中低层错能材料容易产生孪晶[13]，一般认为孪生变形行为提供软化效应，称作孪生诱发塑性，而孪晶结构具有硬化作用，当孪生变形行为起主导作用时，应力循环周次曲线呈软化特征。

　　疲劳源区可根据断口表面的光泽度、粗糙度、疲劳台阶、疲劳弧线的弧度方向以及疲劳沟线的方向来确定，由宏观断口分析已经确定疲劳源的大致位置[14]。采用扫描电镜对室温高周疲劳试验后的 1Mn18Cr18N 奥氏体不锈钢残样断口形貌进行观察，宏观断口可分为裂纹源区（1）、扩展区（2）、瞬时断裂区（3）和剪切唇区（4）等四部分[图 6-5（a）]。在交变载荷作用下，高的表面应力且试样表面由于机械加工存在的局部应力集中使疲劳裂纹在试样的外表面优先萌生。扩展区可观察到典型的疲劳辉纹特征。交变载荷作用使裂纹尖端不断地张开和闭合向内部移动，每经过一次循环就会产生一定条带宽度的疲劳辉纹[图 6-5（b）]。该阶段的重要特征便是疲劳辉纹。扩展区内观察到的大量疲劳辉纹呈现相互平行的条带特征，条带弯曲成弧状近似于波浪形，与条带相互垂直的方向宏观上可观察到发散性条束，为裂纹局部扩展方向，每条疲劳辉纹代表经历过一次交变载荷循环，疲劳辉纹的条数相当于交变载荷的循环周数，且远离疲劳源区疲劳辉纹的间距越大。钝化-锐化模型是研究疲劳辉纹形成机理通常采用的模型之一，在交变载荷的作用下，初期疲劳辉纹并未产生，萌生的裂纹尖端优先沿晶体某些特定的滑移面先发生滑移，滑移带随拉应力增大而逐渐加宽，当拉应力增加到极限值时，裂纹尖端发生钝化，载荷方向相反时，已经产生的滑移带向相反方向产生滑移，经历过一定周期后，疲劳辉纹会不断出现。瞬时断裂区微观形貌特征为韧窝和孔洞，表现为典型的微孔聚集型的韧性断裂特征[图 6-5（c）][15]。

（a）高密度位错缠结　　　　　　　　　　（b）双滑移

（c）多滑移　　　　　　　　　　　（d）孪晶与层错

图 6-4　奥氏体不锈钢室温高周疲劳状态下的位错形态 TEM 图

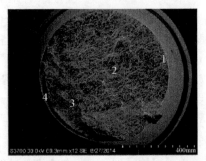

（a）宏观断口

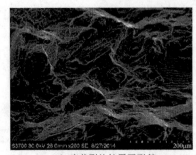

（b）疲劳裂纹扩展区形貌

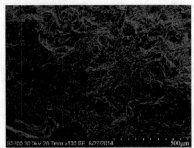

（c）瞬断区形貌

图 6-5　1Mn18Cr18N 奥氏体不锈钢室温高周疲劳断口

6.3　1Mn18Cr18N 奥氏体不锈钢高温 100℃低周疲劳试验研究

汽轮发电机中护环的工作温度在 100℃左右，护环作为汽轮发电机组的关键部件，在机组频繁的启停机过程中受到离心力、过盈配合力、电磁力的综合作用，可能发生应变疲劳失效。因此，为了保证机组的安全稳定运行，对护环低周疲劳特性的研究具有非常重要的意义。

本试验所用护环材料为 1Mn18Cr18N 奥氏体不锈钢，应用于超超临界汽轮发电机组。通过 1Mn18Cr18N 材料进行应变控制的高温 100℃低周疲劳试验，掌握其低周疲劳特性，为该材料的低周疲劳强度设计和寿命预测提供重要的实验室数据。

将试样分别加热至 100℃、200℃、300℃、400℃、500℃、550℃和 600℃保温 1h 空冷，然后降温至 100℃进行低周疲劳试验。所有试样取自护环的内环位置。试验数据如表 6-2～表 6-8 所示，其中 $\Delta\varepsilon_t/2$ 代表总应变幅，$\Delta\varepsilon_e/2$ 代表弹性应变幅，$\Delta\varepsilon_p/2$ 代表塑性应变幅，$\Delta\sigma/2$ 代表循环应力幅，$2N_f$ 代表循环周次的两倍。

6.3.1　1Mn18Cr18N 奥氏体不锈钢高温 100℃低周疲劳试验

表 6-2～表 6-8 为不同热处理之后的低周疲劳原始数据。

表 6-2　100℃热处理后低周疲劳原始数据

编号	$\Delta\varepsilon_t/2$	$\Delta\varepsilon_e/2$	$\Delta\varepsilon_p/2$	$\Delta\sigma/2$ /MPa	$2N_f$ /周次
1	0.0050	0.003540	0.001459	679.95	19584
2	0.0055	0.003622	0.001877	700.4	12086
3	0.0060	0.003647	0.002352	691.1	11218
4	0.0065	0.003734	0.002765	714.75	6264
5	0.0070	0.003527	0.003472	698.5	5718
6	0.0075	0.003653	0.003846	721.85	3636
7	0.0080	0.003582	0.004417	724.05	3344
8	0.0085	0.003852	0.004647	733.85	2898

表 6-3　200℃热处理后低周疲劳原始数据

编号	$\Delta\varepsilon_t/2$	$\Delta\varepsilon_e/2$	$\Delta\varepsilon_p/2$	$\Delta\sigma/2$ /MPa	$2N_f$ /周次
1	0.0055	0.003511	0.001988	699.25	14216
2	0.0065	0.003647	0.002852	715.2	7240
3	0.005	0.003622	0.001377	695.35	18670
4	0.0075	0.003772	0.003727	725.15	5324
5	0.006	0.003648	0.002351	705.8	8524
6	0.007	0.003710	0.003289	718.5	4892
7	0.008	0.003756	0.004243	710.8	4994
8	0.0085	0.003663	0.004836	744.65	1582

表 6-4　300℃热处理后低周疲劳原始数据

编号	$\Delta\varepsilon_t/2$	$\Delta\varepsilon_e/2$	$\Delta\varepsilon_p/2$	$\Delta\sigma/2$ /MPa	$2N_f$ /周次
1	0.006	0.003813	0.002186	702.1	11114
2	0.0065	0.003716	0.002783	707.85	9272
3	0.007	0.003803	0.003196	715.85	5730
4	0.0055	0.003647	0.001852	697.75	13588
5	0.0075	0.003937	0.003562	729.7	4222
6	0.005	0.003518	0.001481	689.85	15734
7	0.008	0.003734	0.004265	716	4466
8	0.0085	0.003778	0.004721	736.65	2452

表6-5　400℃热处理后低周疲劳原始数据

编号	$\Delta\varepsilon_t/2$	$\Delta\varepsilon_e/2$	$\Delta\varepsilon_p/2$	$\Delta\sigma/2$ /MPa	$2N_f$ /周次
1	0.0065	0.003906	0.002593	715.5	7276
2	0.006	0.003594	0.002405	683.2	12958
3	0.0085	0.003723	0.004776	728.35	2526
4	0.008	0.004000	0.003999	726.55	4674
5	0.005	0.003465	0.001534	688.9	13354
6	0.0075	0.003539	0.003960	700.25	3632
7	0.0055	0.003602	0.001897	680.8	12944
8	0.007	0.003598	0.003401	706	7172

表6-6　500℃热处理后低周疲劳原始数据

编号	$\Delta\varepsilon_t/2$	$\Delta\varepsilon_e/2$	$\Delta\varepsilon_p/2$	$\Delta\sigma/2$ /MPa	$2N_f$ /周次
1	0.0085	0.003855	0.004644	826.8	938
2	0.008	0.003673	0.004326	802.2	1668
3	0.0055	0.003788	0.001711	785.8	11376
4	0.005	0.003545	0.001454	771.3	13246
5	0.007	0.003770	0.003229	774.2	5660
6	0.006	0.003740	0.002259	777.2	9038
7	0.0065	0.003686	0.002813	778	5296
8	0.0075	0.003655	0.003844	772.8	3286

表6-7　550℃热处理后低周疲劳原始数据

编号	$\Delta\varepsilon_t/2$	$\Delta\varepsilon_e/2$	$\Delta\varepsilon_p/2$	$\Delta\sigma/2$ /MPa	$2N_f$ /周次
1	0.0055	0.003692	0.002307	722.05	11870
2	0.005	0.003639	0.002860	731.6	7136
3	0.006	0.003648	0.003351	734.95	6966
4	0.0065	0.003568	0.001931	725.95	14282
5	0.007	0.003812	0.003687	764.25	3288
6	0.0075	0.003533	0.001466	702.7	23688
7	0.0085	0.003522	0.004477	750.1	4826
8	0.008	0.003906	0.004593	761.75	3190

表 6-8　600℃热处理后低周疲劳原始数据

编号	$\Delta\varepsilon_t/2$	$\Delta\varepsilon_e/2$	$\Delta\varepsilon_p/2$	$\Delta\sigma/2$ /MPa	$2N_f$ /周次
1	0.0055	0.003685	0.001814	720.8	12008
2	0.005	0.003585	0.001414	720.7	14824
3	0.006	0.003670	0.002329	739.45	7716
4	0.0065	0.003748	0.002751	762.7	3130
5	0.007	0.003800	0.003199	761.8	3286
6	0.0075	0.003794	0.003705	754.45	3922
7	0.0085	0.003772	0.004727	803.3	694
8	0.008	0.003925	0.004074	765.5	2734

6.3.2　1Mn18Cr18N 奥氏体不锈钢高温 100℃低周疲劳试验数据分析

1. 循环应力-应变关系

采用最小二乘法，运用式（6-2）～式（6-5）对各温度试验原始数据进行处理，得到了不同热处理工艺下（100℃、200℃、300℃、400℃、500℃、550℃和 600℃）的低周疲劳特性公式，分别如式（6-6）～式（6-12）所示。

$$\frac{\Delta\varepsilon_t}{2} = \frac{\Delta\varepsilon_e}{2} + \frac{\Delta\varepsilon_p}{2} \tag{6-2}$$

式中，$\Delta\varepsilon_t$ 为真实总应变范围；$\Delta\varepsilon_e$ 为真实弹性应变范围；$\Delta\varepsilon_p$ 为真实塑性应变范围。

$$\frac{\Delta\varepsilon_e}{2} = \frac{\sigma_f'}{E}(2N_f)^b \tag{6-3}$$

式中，σ_f'、b 分别为疲劳强度系数和疲劳强度指数；E 为弹性模量；N_f 为失效循环周次。

$$\frac{\Delta\varepsilon_p}{2} = \varepsilon_f'(2N_f)^c \tag{6-4}$$

式中，ε_f'、c 分别为疲劳延性系数和疲劳延性指数；E 为弹性模量；N_f 为失效循环周次。

$$\frac{\Delta\sigma}{2} = \sigma_f'(2N_f)^b \tag{6-5}$$

式中，σ_f' 为疲劳强度系数；b 为疲劳强度指数；应力范围 $\Delta\sigma$ 取循环稳定滞回周次 $N_f/2$ 所对应的应力范围。

$$\begin{cases} \dfrac{\Delta \varepsilon_t}{2} = \dfrac{\Delta \varepsilon_e}{2} + \dfrac{\Delta \varepsilon_p}{2} \\[2mm] \dfrac{\Delta \varepsilon_e}{2} = 0.00436(2N_f)^{-0.02033} \\[2mm] \dfrac{\Delta \varepsilon_p}{2} = 0.46539(2N_f)^{-0.57772} \\[2mm] \dfrac{\Delta \sigma}{2} = 974.92\left(\dfrac{\Delta \varepsilon_p}{2}\right)^{0.05475} \end{cases} \tag{6-6}$$

$$\begin{cases} \dfrac{\Delta \varepsilon_t}{2} = \dfrac{\Delta \varepsilon_e}{2} + \dfrac{\Delta \varepsilon_p}{2} \\[2mm] \dfrac{\Delta \varepsilon_e}{2} = 0.00419(2N_f)^{-0.01529} \\[2mm] \dfrac{\Delta \varepsilon_p}{2} = 0.09713(2N_f)^{-0.39671} \\[2mm] \dfrac{\Delta \sigma}{2} = 928.90\left(\dfrac{\Delta \varepsilon_p}{2}\right)^{0.0449} \end{cases} \tag{6-7}$$

$$\begin{cases} \dfrac{\Delta \varepsilon_t}{2} = \dfrac{\Delta \varepsilon_e}{2} + \dfrac{\Delta \varepsilon_p}{2} \\[2mm] \dfrac{\Delta \varepsilon_e}{2} = 0.00497(2N_f)^{-0.03206} \\[2mm] \dfrac{\Delta \varepsilon_p}{2} = 0.30678(2N_f)^{-0.52796} \\[2mm] \dfrac{\Delta \sigma}{2} = 958.55\left(\dfrac{\Delta \varepsilon_p}{2}\right)^{0.05064} \end{cases} \tag{6-8}$$

$$\begin{cases} \dfrac{\Delta \varepsilon_t}{2} = \dfrac{\Delta \varepsilon_e}{2} + \dfrac{\Delta \varepsilon_p}{2} \\[2mm] \dfrac{\Delta \varepsilon_e}{2} = 0.00479(2N_f)^{-0.02979} \\[2mm] \dfrac{\Delta \varepsilon_p}{2} = 0.29512(2N_f)^{-0.52196} \\[2mm] \dfrac{\Delta \sigma}{2} = 956.18\left(\dfrac{\Delta \varepsilon_p}{2}\right)^{0.05243} \end{cases} \tag{6-9}$$

$$\begin{cases} \dfrac{\Delta \varepsilon_t}{2} = \dfrac{\Delta \varepsilon_e}{2} + \dfrac{\Delta \varepsilon_p}{2} \\[2mm] \dfrac{\Delta \varepsilon_e}{2} = 0.00407(2N_f)^{-0.01096} \\[2mm] \dfrac{\Delta \varepsilon_p}{2} = 0.05368(2N_f)^{-0.34551} \\[2mm] \dfrac{\Delta \sigma}{2} = 956.88\left(\dfrac{\Delta \varepsilon_p}{2}\right)^{0.0335} \end{cases} \tag{6-10}$$

$$\begin{cases} \dfrac{\Delta \varepsilon_t}{2} = \dfrac{\Delta \varepsilon_e}{2} + \dfrac{\Delta \varepsilon_p}{2} \\[2mm] \dfrac{\Delta \varepsilon_e}{2} = 0.00505(2N_f)^{-0.03595} \\[2mm] \dfrac{\Delta \varepsilon_p}{2} = 0.23218(2N_f)^{-0.48968} \\[2mm] \dfrac{\Delta \sigma}{2} = 1072.31\left(\dfrac{\Delta \varepsilon_p}{2}\right)^{0.06423} \end{cases} \tag{6-11}$$

$$\begin{cases} \dfrac{\Delta \varepsilon_t}{2} = \dfrac{\Delta \varepsilon_e}{2} + \dfrac{\Delta \varepsilon_p}{2} \\[2mm] \dfrac{\Delta \varepsilon_e}{2} = 0.00435(2N_f)^{-0.01788} \\[2mm] \dfrac{\Delta \varepsilon_p}{2} = 0.03797(2N_f)^{-0.30813} \\[2mm] \dfrac{\Delta \sigma}{2} = 1200.74\left(\dfrac{\Delta \varepsilon_p}{2}\right)^{0.07932} \end{cases} \tag{6-12}$$

材料的循环应力-应变性能是低周疲劳研究的一个重要方向，它表征材料在低周疲劳条件下的真实应力-应变特性，通常用循环应力-应变曲线来表示。图 6-6 为 1Mn18Cr18N 奥氏体不锈钢在不同热处理工艺下低周疲劳循环应力-应变关系曲线，符合 $\Delta \sigma / 2 = K'(\Delta \varepsilon_p / 2)^{n'}$ 规律。式中 $\Delta \sigma / 2$ 是循环应力幅；$\Delta \varepsilon_p / 2$ 是塑性应变幅；K' 是循环强度系数；n' 是循环应变硬化指数。对应力-应变数据进行线性回归分析，确定出 K' 和 n'。由图 6-6 中拟合直线可知：100～400℃加热温度下低周疲劳稳定循环应力均在 680～740MPa，而 500℃以上稳定循环上下限值有所提高，在 700～840MPa，同时在 100～600℃范围内均表现为稳定循环应力随塑性应变升高而逐渐增大。

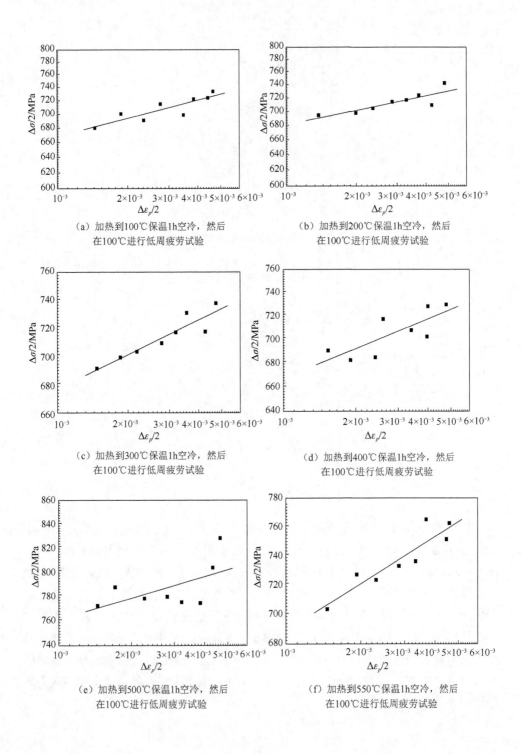

（a）加热到100℃保温1h空冷，然后
在100℃进行低周疲劳试验

（b）加热到200℃保温1h空冷，然后
在100℃进行低周疲劳试验

（c）加热到300℃保温1h空冷，然后
在100℃进行低周疲劳试验

（d）加热到400℃保温1h空冷，然后
在100℃进行低周疲劳试验

（e）加热到500℃保温1h空冷，然后
在100℃进行低周疲劳试验

（f）加热到550℃保温1h空冷，然后
在100℃进行低周疲劳试验

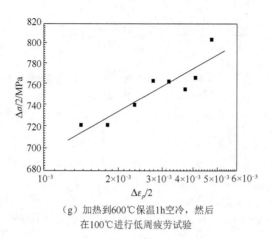

（g）加热到600℃保温1h空冷，然后
在100℃进行低周疲劳试验

图 6-6　不同热处理工艺下低周疲劳循环应力-应变关系

2. 应变-寿命曲线

Coffin 把塑性应变幅恰好等于弹性应变幅时（即图 6-7 中 $\Delta\varepsilon_e/2$ - $2N_f$ 曲线与 $\Delta\varepsilon_p/2$ - $2N_f$ 曲线的交点）所对应的疲劳寿命定义为过渡疲劳寿命（ N_T ），并认为材料的强度和延性是影响过渡疲劳寿命的主要因素。通常，当 $N_f < N_T$ 时，弹性应变对疲劳的贡献小于塑性应变对疲劳的贡献；当 $N_f > N_T$ 时，弹性应变占主导作用，对疲劳的贡献大于塑性应变。一般认为材料的强度和延性是相反的关系，过渡疲劳寿命随强度的提高而降低。图 6-7 为加热温度为 100～600℃保温 1h 空冷后进行 100℃高温低周疲劳试验的应变-寿命曲线。由图可知，总应变增加时，弹性应变基本不变，塑形应变随总应变的增加逐渐增大，循环周次逐渐减小。图 6-8 为不同加热温度下过渡疲劳寿命 N_T 变化曲线，就总体趋势而言，过渡疲劳寿命 N_T 随着加热温度的升高而降低，当加热温度为 500℃时，过渡疲劳寿命 N_T 骤降，但当加热温度为 550℃时，过渡疲劳寿命 N_T 突然升高，这与 550℃碳合物弥散析出强化有关。

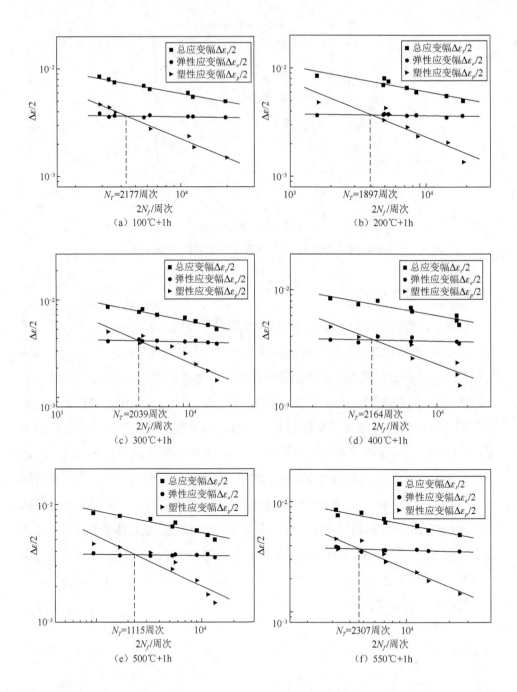

（a）100℃+1h

（b）200℃+1h

（c）300℃+1h

（d）400℃+1h

（e）500℃+1h

（f）550℃+1h

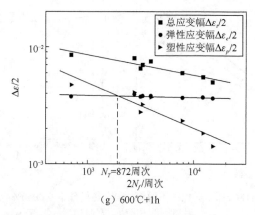

（g）600℃+1h

图 6-7　不同热处理温度下的 1Mn18Cr18N 奥氏体不锈钢低周应变−寿命关系

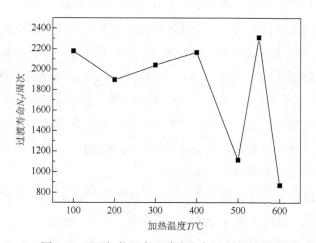

图 6-8　不同加热温度下过渡寿命 N_T 变化规律

3. 等幅低周疲劳特性分析

首先，将试样加热到 100℃保温 1h 空冷，然后在 100℃进行低周疲劳试验，总应变幅为 $\Delta\varepsilon_t/2 = 0.0050\%$，获得试验过程数据对 1Mn18Cr18N 奥氏体不锈钢进行低周疲劳特性分析。图 6-9 为拟合所得的迟滞回线和应力−寿命曲线，左侧两个滞回环[图 6-9（a）]分别对应低周疲劳开始（第 2 周或第 3 周）和结束（最后一周或倒数第二周）的两个阶段[图 6-9（b）]。

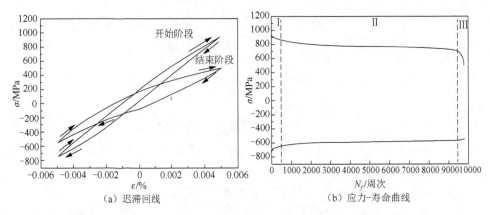

图 6-9 1Mn18Cr18N 奥氏体不锈钢 100℃热处理下 0.0050%应变幅对应的
迟滞回线和应力-寿命曲线

低周疲劳开始运行和失效两个循环所对应的迟滞回线，如图 6-9（a）所示，从图中可知这两个阶段的滞回环形状和面积均发生很大变化。在循环开始时，应力幅最大，迟滞回线有明显的塑性直线段和弹性直线段，拉伸卸载弹性模量 E_{NT} 和压缩卸载弹性模量 E_{NC} 基本相当。在临近失效时，拉伸峰值下降幅度大于压缩峰值下降幅度，拉伸卸载弹性模量 E_{NT} 下降幅度大于压缩卸载弹性模量 E_{NC} 下降幅度。迟滞回线包围的面积代表材料塑性变形时外力所做的功或消耗的能量，也代表材料抗循环变形的能力，临近失效时，迟滞回线包围的面积减小，说明在临近失效时产生塑性变形所消耗的能量减少。

1Mn18Cr18N 奥氏体不锈钢在应力幅为常数的情况下，应力幅随循环周次的增加而逐渐降低，表现为循环软化特性，如图 6-9（b）表示。从应力-寿命曲线中可以看出，低周疲劳循环周次的全过程可分为三个阶段：第Ⅰ阶段峰值应力快速下降，拉压应力幅变化相差不大，软化程度基本相等；第Ⅱ阶段应力稳态缓慢下降，在循环周次达到破坏循环周次的 10%~90%时，趋于稳定状态；第Ⅲ阶段应力下降直至断裂，压缩峰值应力下降幅度很小，拉伸应力下降峰值急剧下降。第Ⅰ阶段和第Ⅲ阶段所占全程比例较小，第Ⅱ阶段应力稳态下降的过程是工程应用的主要部分。

不同热处理温度下的应变幅的低周疲劳开始阶段和结束阶段的迟滞回线和应力-寿命曲线，如图 6-10 所示。从图中可以看出，当温度一定时，循环周次随着应力幅的增大而减小，开始阶段和结束阶段迟滞包围面积随应力幅的增大而增大，但开始阶段迟滞回线包围面积的增长速率高于结束阶段迟滞回线包围面积的增长速率，在应力幅 0.0060%~0.0080%范围内存在交界点，当超过交界点时，开始阶段迟滞回线包围面积高于结束阶段迟滞回线包围面积，说明在较高应变幅（交界点约 0.0085%）下临近失效时产生塑性变形所消耗的能量减少。1Mn18Cr18N 奥氏体不锈钢不同热处理温度不同应变幅对应的开始阶段和结束阶段每毫米塑性变形所消耗的能量，如图 6-11 所示。

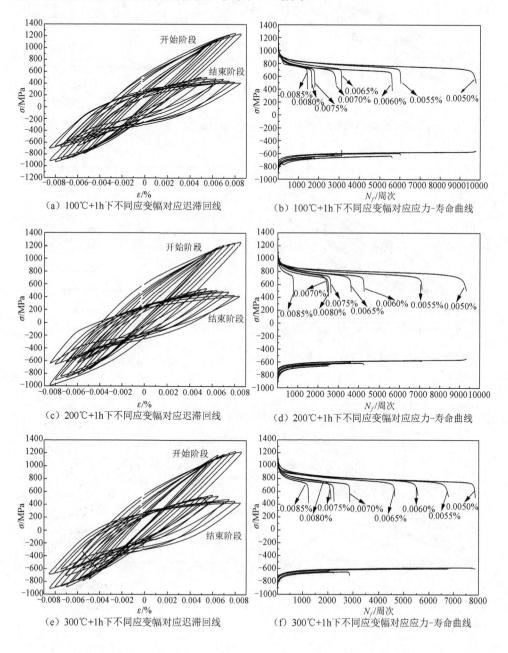

（a）100℃+1h下不同应变幅对应迟滞回线　　（b）100℃+1h下不同应变幅对应应力-寿命曲线

（c）200℃+1h下不同应变幅对应迟滞回线　　（d）200℃+1h下不同应变幅对应应力-寿命曲线

（e）300℃+1h下不同应变幅对应迟滞回线　　（f）300℃+1h下不同应变幅对应应力-寿命曲线

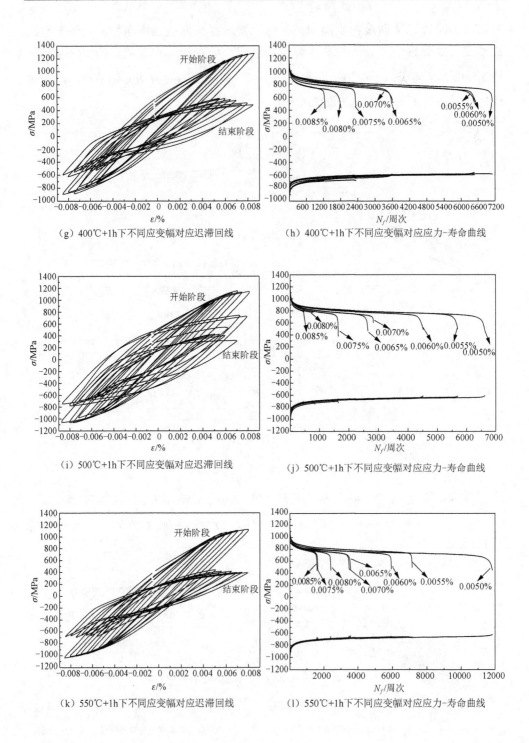

（g）400℃+1h下不同应变幅对应迟滞回线

（h）400℃+1h下不同应变幅对应应力-寿命曲线

（i）500℃+1h下不同应变幅对应迟滞回线

（j）500℃+1h下不同应变幅对应应力-寿命曲线

（k）550℃+1h下不同应变幅对应迟滞回线

（l）550℃+1h下不同应变幅对应应力-寿命曲线

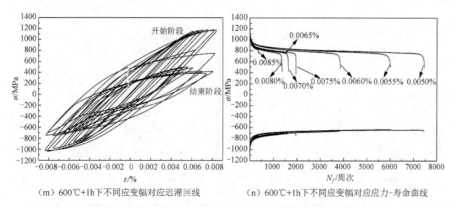

（m）600℃+1h下不同应变幅对应迟滞回线　　　　（n）600℃+1h下不同应变幅对应应力-寿命曲线

图 6-10　1Mn18Cr18N 奥氏体不锈钢不同热处理温度下的
不同应变幅对应迟滞回线和应力-寿命曲线

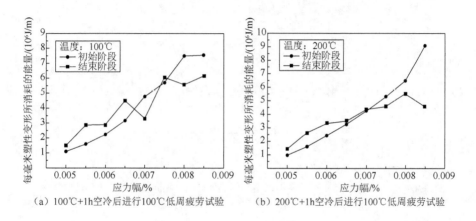

（a）100℃+1h空冷后进行100℃低周疲劳试验　　　（b）200℃+1h空冷后进行100℃低周疲劳试验

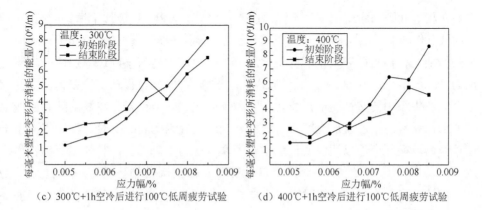

（c）300℃+1h空冷后进行100℃低周疲劳试验　　　（d）400℃+1h空冷后进行100℃低周疲劳试验

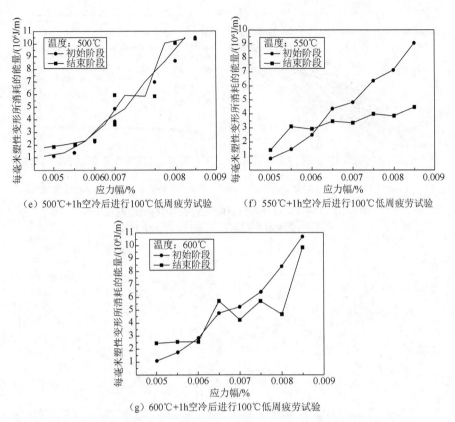

（e）500℃+1h空冷后进行100℃低周疲劳试验　　　（f）550℃+1h空冷后进行100℃低周疲劳试验

（g）600℃+1h空冷后进行100℃低周疲劳试验

图 6-11　1Mn18Cr18N 奥氏体不锈钢不同热处理温度不同应力幅开始和结束阶段
每毫米塑性变形所消耗的能量

4. 变幅低周疲劳特性分析

在相等间隔的应变幅下，不同温度下 1Mn18Cr18N 奥氏体不锈钢的应力-寿命曲线如图 6-12 所示，从图中可以看出，应变幅对循环特性的影响显著，随应变幅的增加，材料的循环软化程度增大，第 I 阶段应力峰值下降速率加快。当应变幅为 0.0050%～0.0070%时，循环周次大于过渡寿命 N_T，循环变形以弹性应变为主，只产生很小的塑性变形，表现出应力下降缓慢，疲劳寿命较高。随着应变幅的增加，材料的塑性变形程度逐渐增加。当应变幅为 0.0085%时，循环周次小于过渡寿命，循环变形以塑性变形为主，表现为应力下降明显，且软化速率较高，疲劳寿命较短。而在 0.0075%～0.0080%应变幅范围是循环变形以弹性应变为主，向塑性应变为主的过渡阶段。应变幅的提高是造成低周疲劳寿命降低和循环特性改变的主要原因[16]。

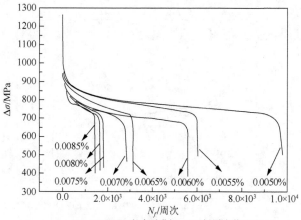

（a）100℃+1h空冷后进行100℃低周疲劳试验

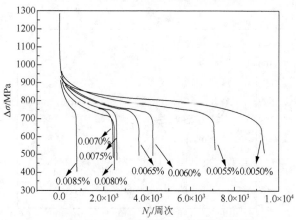

（b）200℃+1h空冷后进行100℃低周疲劳试验

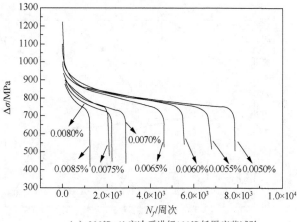

（c）300℃+1h空冷后进行100℃低周疲劳试验

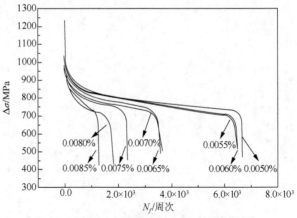

（d）400℃+1h空冷后进行100℃低周疲劳试验

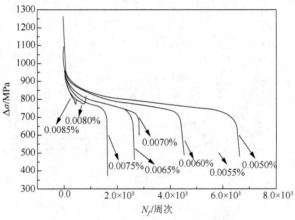

（e）500℃+1h空冷后进行100℃低周疲劳试验

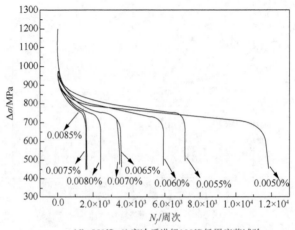

（f）550℃+1h空冷后进行100℃低周疲劳试验

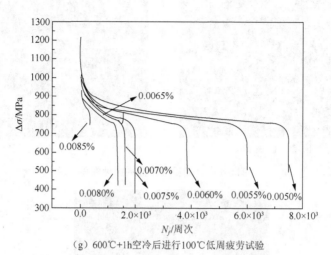

（g）600℃+1h 空冷后进行 100℃低周疲劳试验

图 6-12　不同热处理工艺下不同应变幅对应的应力-寿命曲线

6.3.3　1Mn18Cr18N 奥氏体不锈钢高温 100℃低周疲劳断口形貌研究

图 6-13 和图 6-14 分别给出了热处理温度为 100℃和 300℃下疲劳断裂试样的 SEM 观察结果。图中 1 区为疲劳源区，2 区为裂纹扩展区，3 区为瞬时断裂区，4 区为剪切唇区。瞬时断裂区为典型的韧窝断裂。疲劳断口主要呈现韧窝结构，另外，在断口上还随处发现由夹杂物脱落造成的小孔洞，上述断口清楚表明，当热处理温度为 100℃和 300℃时，疲劳断裂总体上以韧性断裂为主要特征。

（a）低倍宏观断口

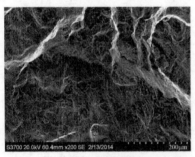
（b）裂纹扩展区组织

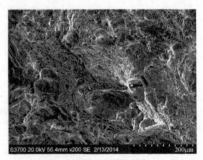
（c）瞬时断裂区特征

图 6-13　100℃高温低周疲劳断口

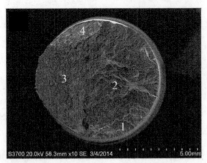
（a）低倍宏观断口

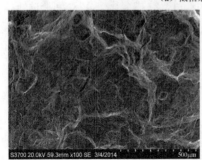
（b）裂纹扩展区组织

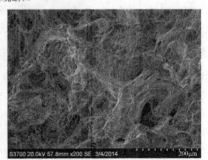
（c）瞬时断裂区特征

图 6-14　300℃高温低周疲劳断口

如图 6-15 所示，从宏观断口可以看出，当热处理温度为 550℃时，断口由疲劳源区（1）、裂纹扩展区（2）和瞬时断裂区（3）组成。微观断口显示，裂纹扩展区有明显的穿晶疲劳辉纹和二次裂纹特征。瞬时断裂区为韧窝断裂特征。裂纹扩展区表面平滑，可观察到大量沿结晶学取向分布的解理小平面，解理小平面周围则可观察到较浅的韧窝特征和少量滑移带。宏微观断口形貌表明当热处理温度为 550℃时，由于晶界处析出脆性碳化物相 $M_{23}C_6$，使两个晶粒交界的结合强度下降，此时，疲劳断裂表现为偏脆性的疲劳断口特征。通常可理解为，交变载荷的疲劳损伤、长时间高温引起的蠕变损伤及氧化作用产生的损伤共同作用导致高温循环载荷作用下的材料的疲劳损伤。

（a）低倍宏观断口

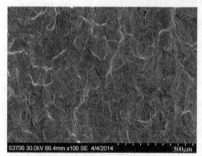

（b）裂纹扩展区组织

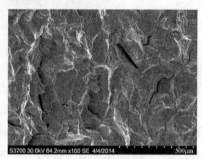

（c）瞬时断裂区特征

图 6-15　550℃高温低周疲劳断口

如图 6-16 所示，从宏观断口可以看出，当热处理温度为 600℃时，断口由疲劳源区（1）、裂纹扩展区（2）、瞬时断裂区（3）和剪切唇区（4）组成，宏观断口内存在明显的贯穿裂纹，起源于材料的表面。微观断口显示，裂纹扩展区有明显的舌状花纹。瞬时断裂区为韧窝断裂特征。在裂纹扩展区可见到大量微观脆性断裂　的特征形貌（解理小平面）呈结晶学取向分布于断裂表面。这一观察说明当热处理温度为 600℃时，晶界将析出大量的脆性相 $M_{23}C_6$，导致晶界的强度下降，合金疲劳断裂机制为沿晶脆性断裂。

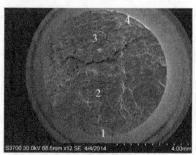

（a）低倍宏观断口

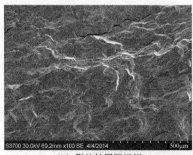

　　　　（b）裂纹扩展区组织　　　　　　　　　　（c）瞬时断裂区特征

图 6-16　　600℃高温低周疲劳断口

　　图 6-17 为不同热处理后进行高温 100℃低周疲劳过程中的 TEM 组织。由图 6-17（a）可知，1Mn18Cr18N 奥氏体不锈钢经过 100℃保温 1h 热处理后，进行高温 100℃低周疲劳试验中，开始形成很多位错胞，胞壁上存在位错缠结，位错包轮廓较为清晰，位错包内存在一定的位错密度。由图 6-17（b）可知，在小应变量的情况下，形变孪晶数量不多，退火孪晶界处会发生大量位错与层错缺陷的塞积，这时，两个形变孪晶之间的距离会增大。由图 6-17（c）可知，应变量逐渐增大，细小的形变孪晶以平行方式发生聚集，孪晶的体积分数随应变量的增大而增大，同时，孪晶特征发生改变，两个形变孪晶之间的距离会减小。由图 6-17（d）可以观察到晶界对孪晶生长有明显的阻碍，在晶界处孪晶停止生长，由此造成的应力集中会促进临近晶粒或晶粒内部某些切变方向的孪生系发生相对运动，使晶粒内部出现孪晶并交叉方式长大。在两组孪晶同时作用在孪晶界的特殊情况下，孪晶会发生一定程度的畸变。变形过程产生的孪晶会在一定的程度上起到提高奥氏体不锈钢的强度与塑性的作用，其强化机理为：基体金属通过孪晶层片对基体的细化作用与位错塞积产生的钉扎作用在一定程度上得到强化；孪生变形改变了晶体的取向方向，使某些难滑移的或取向不利的滑移系发生相对运动；孪生变形作为塑性变形新型的变形方式，基体金属更容易变形均匀，同时孪生变形自身也会参与塑性变形，因此，孪生变形更有利于提高基体金属的塑性。通过 TEM 观察孪晶产生的过程发现，奥氏体晶粒本身层错能较低，局部的变形就会使晶粒内位错与层错缺陷急剧增加，塞积在晶界处产生钉扎作用而产生应力集中，从而诱发孪晶的产生。孪晶体积分数会随着应变量的增加而增大，位错与层错密度也会大大提高。孪晶与基体界面、孪晶与滑移带或两个孪晶之间均会产生局部的应力集中，孪晶之间会出现大量高密度缺陷，导致局部应力继续增大，当应力增大到诱发孪晶的临界应力时，孪晶会以交互方式进行长大。因此，在位错高密度区、高层错区以及位错、层错、孪晶三者交互作用下会为孪生的核胚提供有利的环境。位错和层错的塞积以及位错、层错、孪晶三者交互作用会有利于提高材料的

强度和塑性[12,17,18]。

（a）100℃位错包　　　　　　（b）孪晶与位错的交互作用

（c）300℃晶界阻碍孪晶的生长　　　　（d）500℃孪晶的交互生长

图 6-17　不同热处理下高温低周疲劳过程中的 TEM 组织

　　形变孪晶是主要的变形机制，这是由于形变孪晶需要一个门槛值，当应力达到门槛值就会发生变形。形变孪晶类似于亚晶界，可理解为一种亚结构，对位错的滑移起到阻碍作用，使位错在晶界处大量增殖，使材料的强度和应变硬化率明显提高；除此之外，孪晶界的存在能垒对位错的运动起到了阻碍作用，使奥氏体不锈钢的塑性变形变得更为困难[12]。Olson 等[19]对 Hadfield 钢的加工硬化进行了研究，认为在较低应变情况下孪生对材料的变形起到软化作用，提高了塑性；当应变增加时，形变孪晶类似于位错运动的屏障阻碍位错运动从而使静态结构得到强化。Remy[20]指出，孪晶界上出现的滑移位错塞积或孪生位错塞积通常会使能量上不相当的位错发生反应并产生阻碍孪生，从而起到强化作用。形变孪晶使位错亚结构和位错胞结构的晶体缺陷产生，在面心立方结构中的层错是由两个原子层厚的角密排六方结构组成，对位错运动起到阻碍作用而引起强化效应。

6.4　本章小结

（1）室温时，1Mn18Cr18N 奥氏体不锈钢的 S-N 关系为：$10^{0.00988S}N = 10^{10.2276}$。

（2）1Mn18Cr18N 奥氏体不锈钢室温高周疲劳宏观断口由疲劳源区、裂纹扩展区、瞬时断裂区和剪切唇区组成。

（3）1Mn18Cr18N 奥氏体不锈钢疲劳宏观断口由疲劳源区、裂纹扩展区、瞬时断裂区和剪切唇区组成。随着热处理温度的提高，断裂机制逐渐由韧性断裂，过渡为沿晶脆性断裂。

（4）1Mn18Cr18N 奥氏体不锈钢在高温 100℃下的低周疲劳特性表现为循环软化。拟合得到高温 100℃下 1Mn18Cr18N 奥氏体不锈钢的循环应力-应变曲线、循环应力-寿命曲线和应变-寿命曲线，得出高温 100℃下 1Mn18Cr18N 奥氏体不锈钢的 Ramberg-Osgood 公式和 Manson-Coffin 公式。

（5）在低周疲劳过程中，拉应力峰值的降幅大于压应力峰值，拉伸卸载弹性模量 E_{NT} 下降幅度大于压缩卸载弹性模量 E_{NC} 下降幅度。每毫米塑性变形所消耗的能量逐渐减小。随着应变幅的增大，1Mn18Cr18N 奥氏体不锈钢的低周疲劳的循环软化程度增加，应力下降幅度增加，软化速率提高。

参 考 文 献

[1] 梅小瑜, 许好好, 徐长威, 等. 镍基高温合金 GH4145/SQ 的高温低周疲劳行为[J]. 华东电力, 2002, 30（12）: 1-4.

[2] 王庭山. 空冷 180MW 发电机转子护环部分的强度及低周疲劳分析[J]. 上海大中型电机, 2006（4）: 7-13.

[3] 陈曦, 戴起勋, 陈康敏, 等. 一种新型高氮奥氏体不锈钢高周疲劳性能的研究[J]. 材料导报, 2008, 22（专辑 X）: 232-234.

[4] 熊茹, 王理, 刘桂良, 等. Ti-4Al-2V 合金高周疲劳性能研究[J]. 核动力工程, 2010, 31（4）: 114-117.

[5] 熊茹, 赵宇翔, 乔英杰, 等. SCWR 候选不锈钢的高周疲劳行为研究[J]. 核动力工程, 2013, 34（1）: 150-156.

[6] 班丽丽. 中碳 Si-Mn 系高强度 TRIP 钢高周疲劳破坏行为研究[D]. 昆明: 昆明理工大学, 2008.

[7] 刘瑜, 戴起勋, 陈康敏, 等. 高氮奥氏体不锈钢室温疲劳断口分析[J]. 金属热处理, 2009, 34（4）: 56-59.

[8] White C H, Honeycombe R W K. Structural changes during the deformation of high purity iron-manganese-carbon alloys [J]. Journal of the Iron and Steel Institute, 1962, 200（6）: 457-466.

[9] Dastur Y N, Leslie W C. Mechanism of work hardening in Hadfield manganese steel [J]. Metallurgical and Materials Transactions A, 1981, 12（5）:749-759.

[10] 石德珂, 刘军海. 高锰钢的变形与加工硬化[J]. 金属学报, 1988, 25（4）: 142-145.

[11] Schramm R E, Reed R P. Stacking fault energies of seven commercial austenitic stainless steels [J]. Metallurgical and Materials Transactions A, 1975, 6（7）: 1345-1351.

[12] 苏钰. 新型高强度和高塑性孪晶诱发塑性钢的研究[D]. 上海: 上海大学, 2012: 13-113.

[13] 张旺峰, 陈瑜眉, 朱金华. 低层错能奥氏体钢的变形硬化特点[J]. 材料工程, 2000（2）: 25-36.

[14] 钟群鹏, 赵子华. 断口学[M]. 北京: 高等教育出版社, 2005: 20.

[15] 宋晓国. GH4169 合金高温低周疲劳及蠕变性能研究[D]. 哈尔滨: 哈尔滨工业大学, 2007: 48.

[16] 王建国, 杨胜利, 王红缨, 等. 800MPa 级低合金高强度钢低周疲劳性能[J]. 北京科技大学学报, 2005, 27（1）: 75-78.

[17] 朱丽慧, 赵钦新, 顾海澄, 等. 新型耐热钢的高温低周疲劳性能[J]. 西安交通大学学报, 1999, 33（8）: 56-59.

[18] 罗治平, 陈成澍, 于漪, 等. 18-8 型奥氏体不锈钢在低周疲劳变形下的微观组织特征[J]. 金属科学与工艺, 1992, 11（1）: 1-5.

[19] Olson G B, Cohen M. A general mechanism of martensitic nucleation: Part Ⅰ. general concepts and the FCC→HCP transformation [J]. Metallurgical and Materials Transactions A, 1976, 7（12）: 1897.

[20] Remy L. Kinetics of F.C.C. deformation twinning and its relationship to stress-strain behaviour [J]. Acta Metallurgica Sinica, 1978, 26（3）: 443-451.

第7章 腐蚀环境对1Mn18Cr18N奥氏体不锈钢组织和力学性能的影响

7.1 引 言

金属常见的破坏形式有点蚀破坏、单纯应力腐蚀、并存应力腐蚀和晶间腐蚀、磨蚀等。应力腐蚀一般是指零部件在载荷和活性介质同时作用下，零部件产生破裂的一种腐蚀行为。护环在强磁、潮湿的腐蚀介质中工作，受线圈、自身的离心力、热装应力等作用的影响很容易发生应力腐蚀开裂，因此有必要研究护环用1Mn18Cr18N奥氏体不锈钢应力腐蚀的失效形式及失效本质[1-5]。

1984年，Watanabe[6]首次提出了晶界特征分布（grain boundary character distribution，GBCD）和晶界设计的概念，并于20世纪90年代发展为晶界工程研究领域。一般地，晶界可分为小角度晶界、低 Σ 重位点阵（coincidence site lattice，CSL）晶界和随机晶界三种类型：小角度晶界是指两相邻晶粒取向差小于15°，也称为$\Sigma 1$晶界；低Σ重位点阵晶界的Σ值在3～29之间；随机晶界的Σ值大于29。小角度晶界和低Σ重位点阵晶界被称为低能晶界，而随机晶界被称为高能晶界。研究结果表明：变形及退火处理可提高低Σ值，通过调整晶界Σ值比例可改变晶界特征分布，从而改善材料与晶界有关的多种性能[6]。

7.2 室温下1Mn18Cr18N奥氏体不锈钢应力腐蚀试验研究

7.2.1 加载应力为590MPa的1Mn18Cr18N奥氏体不锈钢应力腐蚀试验

将加载应力确定为590MPa，将热处理后的试样在3.5%NaCl溶液中浸泡1000h，进行室温的应力腐蚀试验，观察表面的状态，得到如表7-1所示的腐蚀结果。当热处理温度低于400℃时，材料经过1000h的浸泡都不会出现任何形式的腐蚀现象。当热处理温度为500℃，应力腐蚀试样表层会出现点蚀；当热处理温度为600℃试样表层会出现裂纹。

表 7-1　应力腐蚀结果

保温时间	热处理温度					
	100℃	200℃	300℃	400℃	500℃	600℃
1h	无	无	无	无	点蚀	裂纹
2h	无	无	无	无	点蚀	裂纹
4h	无	无	无	无	点蚀	裂纹
8h	无	无	无	无	点蚀	裂纹

图 7-1 为室温下 590MPa 应力腐蚀后的断口照片。由图 7-1 可知，宏观断口内存在多条裂纹，微观断口内出现少量坑蚀，并可见到大量微观脆性断裂的特征形貌（解理小平面），呈结晶学取向分布于断裂表面，在显微解理小平面上可观察到少量滑移台阶。滑移台阶作为应力腐蚀开裂的微观形貌特征，是由于金属受到敏感的腐蚀介质和拉伸应力的共同作用发生范性变形而出现，应力腐蚀开裂会使生成的氧化膜破裂，暴露的新金属表面与未破的氧化膜之间的电位差构成阳极首先溶解，沿滑移线方向溶解产生的腐蚀沟受到拉伸应力的作用而开裂形成微裂纹，裂纹尖端由于存在应力集中使滑移向前运动从而加速新金属溶解，裂纹发生扩展。裂纹的扩展在微观断口上可观察到滑移台阶，在低指数原子少的晶面上一般会发生滑移，因此，在微观断口上经常会发现与晶面相关的滑移台阶[7]。

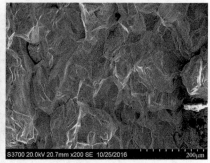

　　（a）宏观断口　　　　　　　　　　　（b）沿晶断裂形貌

图 7-1　室温下 590MPa 应力腐蚀后的断口照片

7.2.2　加载应力为 700MPa 的 1Mn18Cr18N 奥氏体不锈钢应力腐蚀试验

　　将加载应力增加到 700MPa，将热处理后的试样在 3.5%NaCl 溶液中浸泡 1000h，进行室温的应力腐蚀试验，观察表面的状态，得到如表 7-2 和图 7-2 所示的腐蚀结果。从应力腐蚀结果表 7-2 可知，当热处理温度低于300℃时，材料经过 1000h 的浸泡都不会出现任何形式的腐蚀现象；当热处理温度为 400℃，保温 8h 时，应力腐蚀试样表层会出现点蚀；当热处理温度为 500℃，保温时间为 1h、2h、4h、8h 时，试样表层都会出现点蚀；当热处理温度为 600℃，保温时间为 1h、2h、4h、8h 时，试样表层会出现裂纹。由以上的结果可知，析出的碳化物对于塑性指标和抗应力腐蚀性能都会造成很大的影响，也就是说 500～600℃是1Mn18Cr18N 奥氏体不锈钢的高温脆韧转变温度区间。

表 7-2　应力腐蚀结果

保温时间	热处理温度					
	100℃	200℃	300℃	400℃	500℃	600℃
1h	无	无	无	无	点蚀	裂纹
2h	无	无	无	无	点蚀	裂纹
4h	无	无	无	无	点蚀	裂纹
8h	无	无	无	点蚀	点蚀	裂纹

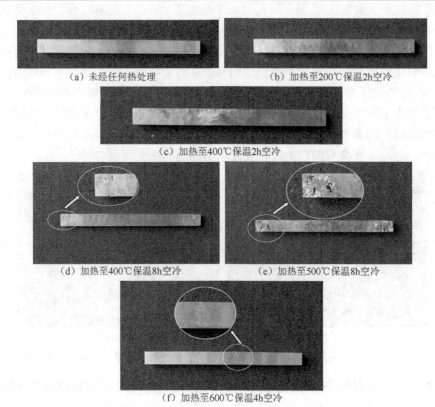

（a）未经任何热处理　　　　　　（b）加热至200℃保温2h空冷

（c）加热至400℃保温2h空冷

（d）加热至400℃保温8h空冷　　　　（e）加热至500℃保温8h空冷

（f）加热至600℃保温4h空冷

图 7-2　不同热处理温度下 1Mn18Cr18N 奥氏体不锈钢应力腐蚀试验结果

1Mn18Cr18N 奥氏体不锈钢中的晶界析出碳化物对于应力腐蚀的敏感性很大，这是由于析出物的热膨胀系数与奥氏体的不同，护环冷却时会产生很大的内应力，很容易在晶界处产生应力腐蚀。根据第 5 章（图 5-3 和图 5-4）中的研究结果表明，杂质或者溶质原子在一定的时效热处理条件下会在晶界处发生偏聚。当适当提高时效热处理温度或保温时间时，晶界处偏聚的C原子会与Cr原子发生反

应形成碳化物 $M_{23}C_6$。对于 Ni-Cr-Fe 耐蚀合金而言，在晶界处析出的碳化物 $M_{23}C_6$ 后会使晶界处碳化物附近 Cr 含量降低，而产生贫 Cr 区。一般认为，由于晶界附近贫 Cr 区的形成使很多含 Cr 耐蚀合金材料的抗晶间腐蚀（intergranular corrosion，IGC）和抗晶间应力腐蚀（intergranular stress corrosion crack，IGSCC）能力大幅度降低。同时，碳化物大小、形貌和分布特征不仅影响碳化物附近形成的贫 Cr 区和整体材料的抗 IGC 和 IGSCC 能力，而且也会影响材料的综合力学性能[8]。

奥氏体不锈钢极易发生晶间腐蚀。国内外许多学者对晶间腐蚀机理进行了研究，最被认可的理论是：在 450～800℃温度区间进行敏化或者进行时效热处理的奥氏体不锈钢，晶界处会析出 $Cr_{23}C_6$ 碳化物造成奥氏体晶界附近形成贫 Cr 区，导致固溶体中 Cr 含量降低。奥氏体不锈钢产生钝化作用对 Cr 含量的极限含量要求为：固溶体的 Cr 含量（质量分数）必须大于等于 11.7%，而在晶界处析出 $Cr_{23}C_6$ 碳化物时 Cr 含量下降，当 Cr 含量降到低于 11.7% 的极限含量以下时，晶间腐蚀便会发生[7,9]。

图 7-3 为室温下 700MPa 进行应力腐蚀后的断口照片。从图 7-3（b）可以看出，微观断口由冰糖状花样组成，断口内部存在细小的沿晶裂纹，出现了大量的坑蚀（如箭头所示），并出现了滑移台阶。

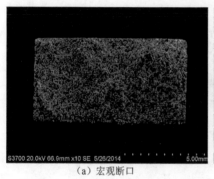 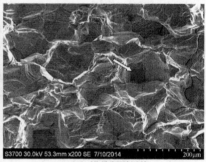

（a）宏观断口　　　　　　　　　　　　　（b）沿晶断裂形貌

图 7-3　室温下 700MPa 进行应力腐蚀断口照片

在 CSL 模型理论中，晶界可分为低 ΣCSL 晶界和随机晶界（random grain boundary，RGB）两种类型，低 ΣCSL 晶界的 $\Sigma \leqslant 29$，而随机晶界是指 $\Sigma > 29$ 的大角度 CSL 晶界。国内外对 CSL 模型进行了大量研究，结果表明低 ΣCSL 晶界与随机晶界相比，具有晶界自由能低、抗晶界偏聚好，耐腐蚀性能优异，抗晶界滑移性能更好等更加优良的特性[10]。工程材料大部分均是多晶材料，微观组织及晶界特征与材料的性能密切相关。晶界结构特征会影响材料晶间腐蚀能力、断裂特征、合金及杂质元素的偏聚情况、蠕变性能等。有大量的文献指出，如果能够提高材料中这种晶界的比例，那么材料与晶界相关的性能势必会得到提高。

对于 200℃保温 1h 后进行应力腐蚀的试样而言，取试样长度方向的对称轴部分 2mm 的薄片进行 EBSD 观察；对于 500℃保温 2h 空冷热处理后进行室温应力腐蚀的试样而言，沿点蚀部位打开，取 2mm 的薄片进行 EBSD 观察；对于 600℃ 保温 8h 热处理后进行应力腐蚀的试样而言，沿裂纹部位打开，取 2mm 的薄片进行 EBSD 观察。通过软件统计晶界特征分布，结果如图 7-4～图 7-6 所示。由图 7-4（a）可知，Σ3 晶界比例为 16.35%，Σ9 晶界比例为 1.9%，Σ27 晶界比例为 0.64%，Σ29 晶界比例为 0.35%，特殊晶界占总晶界的比例为 25%。由图 7-4（b）可知，晶粒大小不一，平均晶粒大小为 69μm。由图 7-5（a）可知，Σ3 晶界比例为 14.02%，Σ9 晶界比例为 1.87%，Σ27 晶界比例为 0.88%，Σ29 晶界比例为 0.29%，特殊晶界占总晶界的比例为 23.3%。由图 7-5（b）可知，晶粒大小不一，平均晶粒大小为 86μm。由图 7-6（a）可知，Σ3 晶界比例为 14.48%，Σ9 晶界比例为 2.19%，Σ27 晶界比例为 0.74%，Σ29 晶界比例为 0.29%，特殊晶界占总晶界的比例为 23.2%。由图 7-6（b）可知，晶粒大小不一，平均晶粒大小为 93μm。

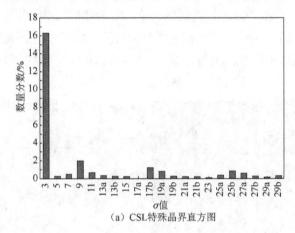

（a）CSL 特殊晶界直方图

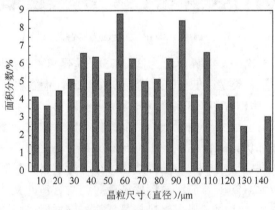

（b）晶粒尺寸分布直方图

图 7-4　200℃保温 1h 热处理后经过应力腐蚀后样品的晶界和晶粒尺寸分布直方图

　　由图 7-5 可知原始 1Mn18Cr18N 奥氏体不锈钢的 CSL 特殊晶界比例可以达到
35.2%。对以上结果分析可知，当热处理温度为 200℃时，经过 1000h 应力腐蚀试
验后，试样的特殊晶界比例出现大幅下降，达到 25%；当热处理温度达到 600℃
时，经过 1000h 应力腐蚀试验后，试样的特殊晶界比例出现下降至 23.2%；结果
表明 CSL 特殊晶界比例越低试样出现点蚀和裂纹的可能性越大。

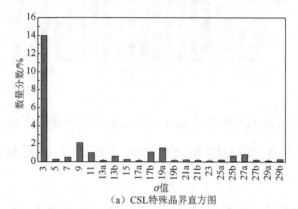

（a）CSL 特殊晶界直方图

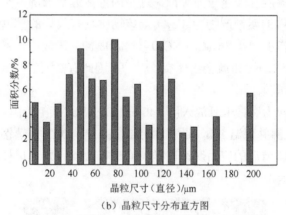

（b）晶粒尺寸分布直方图

图 7-5　500℃保温 2h 热处理后经过应力腐蚀后样品的晶界和晶粒尺寸分布直方图

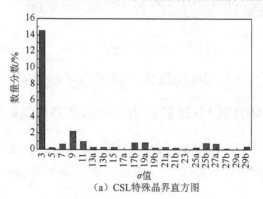

（a）CSL 特殊晶界直方图

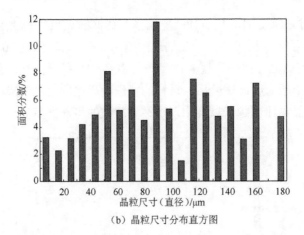

（b）晶粒尺寸分布直方图

图 7-6　600℃保温 8h 热处理后经过应力腐蚀后样品的晶界和晶粒尺寸分布直方图

7.2.3　100℃下 3.5%NaCl 溶液的 1Mn18Cr18N 奥氏体不锈钢应力腐蚀试验

提高溶液的温度会加速应力腐蚀，这是因为接近溶液沸点时，溶液中的含氧量最小，裂纹尖端的腐蚀产物为 Fe_3O_4，该物质具有很好的导电性，会加速裂纹的扩展。有文献指出，在 36%Ca（NO_3）$_2$+3%NH_4NO_3 溶液中，室温下 1000h 不裂的护环试样在 105℃下 24h 就会出现裂纹[11,12]。因此有必要进行 100℃下 3.5%NaCl 溶液的应力腐蚀试验。

将装配好的应力腐蚀卡具放入用 1400mL3.5%NaCl 溶液中，确定加载应力为 590MPa，将其煮沸并保温 10h，过程中每 1h 加一次 100℃的蒸馏水，保证试验溶液的浓度。对试验前后的应力腐蚀试样表面进行观察，发现试样表面无点蚀和裂纹，如图 7-7 所示。

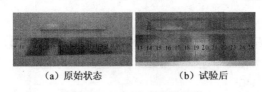

（a）原始状态　　　　　　（b）试验后

图 7-7　100℃应力腐蚀结果

7.3　预腐蚀对 1Mn18Cr18N 奥氏体不锈钢力学性能的影响

7.3.1　预腐蚀对 1Mn18Cr18N 奥氏体不锈钢疲劳性能的影响

将 1Mn18Cr18N 奥氏体不锈钢低周疲劳试样浸泡在 3.5%NaCl 溶液中 1000h，取出后在工作温度 100℃下进行低周疲劳试验（试样取自内环），以模拟

1Mn18Cr18N 护环用钢在工作环境中低周疲劳特性。表 7-3 为所得到的预腐蚀 1000h 后 100℃低周疲劳原始数据。

表 7-3　各试样预腐蚀 1000h 后在工作温度 100℃下的低周疲劳试验原始数据

试样编号	$\Delta\varepsilon_t/2$	$\Delta\varepsilon_e/2$	$\Delta\varepsilon_p/2$	$\Delta\sigma/2$ /MPa	$2N_f$/周次
1	0.0060	0.003719	0.002280	726.8	8156
2	0.0055	0.003459	0.002040	712.6	10042
3	0.0065	0.003745	0.002754	718.4	8738
4	0.0050	0.003568	0.001431	710.3	9316
5	0.0070	0.003845	0.003154	725.65	4864
6	0.0045	0.003466	0.001033	678.6	18976
7	0.0075	0.003727	0.003772	726.15	3238
8	0.0075	0.003853	0.003646	789.6	1176
9	0.0080	0.003719	0.002280	774.45	632

根据预腐蚀 1000h 得到的低周疲劳试验结果，拟合得到 1Mn18Cr18N 奥氏体不锈钢在 100℃工作温度下循环应力-应变曲线（图 7-8）及 Ramberg-Osgood 公式，即

$$\frac{\Delta\sigma}{2} = 1243.51\left(\frac{\Delta\varepsilon_p}{2}\right)^{0.08714} \tag{7-1}$$

式中，$\Delta\sigma/2$ 是循环应力幅；$\Delta\varepsilon_p/2$ 是塑性应变幅。

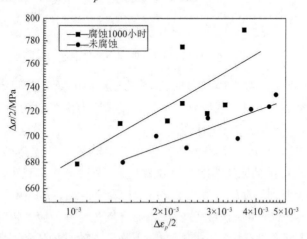

图 7-8　预腐蚀 1000h 低周疲劳循环应力-应变关系

与未腐蚀条件下 100℃循环应力-应变曲线相比，相同点是材料稳定循环应力随循环塑性应变升高而增大，但不同之处在于，相同塑性应变下，腐蚀 1000h 条件下的稳定循环应力略高于未腐蚀的稳定循环应力，这将使相同应变条件下材料

的低周疲劳寿命略有降低，同时也说明腐蚀环境会加速材料的低周疲劳失效。

按公式 $\dfrac{\Delta\varepsilon_t}{2}=\dfrac{\sigma'_f}{E}(2N_f)^b+\varepsilon'_f(2N_f)^c$ 拟合应变–寿命曲线，见式（7-2），

1Mn18Cr18N 奥氏体不锈钢预腐蚀 1000h 后的低周疲劳应变–寿命曲线见图 7-9。从图中可以看出，预腐蚀条件下应变对寿命的影响与未腐蚀条件下趋势相同，即总应变幅增加，弹性应变幅基本恒定，塑性应变增大，循环周次逐渐减少；但不同的是，在预腐蚀条件下的低周疲劳过渡寿命 N_T 更低，说明腐蚀条件下弹性应变高于塑性应变是影响疲劳寿命的主要因素。

$$\frac{\Delta\varepsilon_t}{2}=7.64834(2N_f)^{-0.02261}+8.11101(2N_f)^{-0.20877} \qquad (7\text{-}2)$$

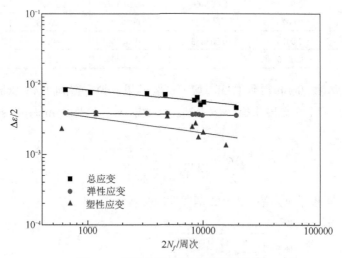

图 7-9　低周疲劳应变–寿命特性曲线

预腐蚀 1000h 下进行工作温度为 100℃的低周疲劳稳定循环应力–应变特性曲线见图 7-10。从图中拟合直线可以看出稳定循环应力均在 700MPa 左右，而且随塑性应变升高稳定循环应力逐渐增大。

预腐蚀 1000h 不同应变幅下工作温度为 100℃的低周疲劳特性曲线，如图 7-11 所示。选取不同应变幅下低周疲劳开始（第 2 周）和结束（最后一周）的两个阶段，拟合得到迟滞回线和对应的应力–寿命曲线，从图中可以看到与未腐蚀条件下相同的特征，即低周疲劳表现为循环软化特性，应力幅随循环周次的增加而减少。但不同之处在于，不同应力幅下临近失效时每毫米塑性变形所消耗的能量始终高于初始阶段每毫米塑性变形所消耗的能量，说明临近失效时产生塑性变形所消耗的能量始终是增大的。这一点与未腐蚀条件下存在明显不同，未腐蚀条件下随应变幅变化存在临界面积交叉点。

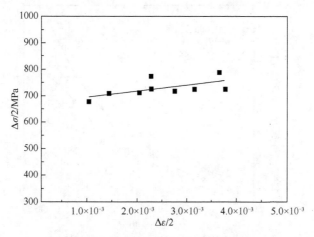

图 7-10　稳定循环应力–应变特性曲线

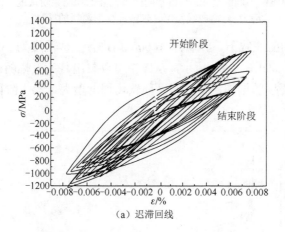

（a）迟滞回线

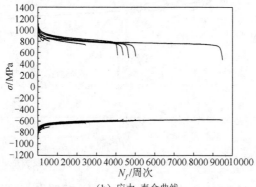

（b）应力–寿命曲线

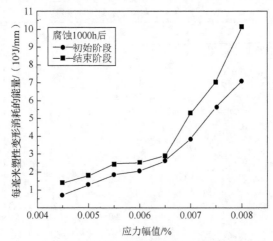

（c）开始阶段和结束阶段每毫米塑性变形消耗的能量

图 7-11　预腐蚀 1000h 后 100℃下不同应力幅开始和结束阶段的迟滞回线和
应力-寿命曲线及每毫米塑性变形消耗的能量

在相等间隔的应变幅下，预腐蚀 1000h 后进行工作温度为 100℃的低周疲劳的应力-寿命曲线，如图 7-12 所示，从图中可以看出，应变幅随循环特性的影响同样显著，随应变幅的增加，材料的循环软化程度增大，第Ⅰ阶段应力峰值下降速率加快。

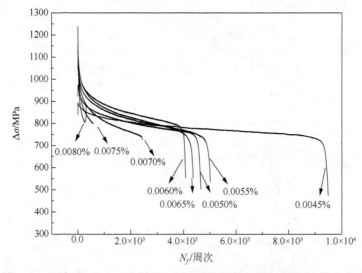

图 7-12　预腐蚀 1000h 后 100℃下不同应力幅的低周疲劳应力-寿命曲线

7.3.2　预腐蚀对 1Mn18Cr18N 奥氏体不锈钢常规力学性能的影响

将 4 个拉伸和 4 个冲击试样浸泡在室温下的 3.5%NaCl 溶液中 1000h 后取出，

观察试样表面，无任何点蚀出现。冲击试样取自护环内环的切向部分，拉伸试样取自内环轴向部分。得到如表 7-4 所示的预腐蚀后的 1Mn18Cr18N 奥氏体不锈钢拉伸性能值，计算平均值，得到预腐蚀后试样的 $R_{p0.2}$ 为 1050.5MPa，R_m 为 1197.5MPa，A_5 为 15%，Z 为 56.25%。经过比较可知，经过预腐蚀后，拉伸试样的各项性能值都要比未经过预腐蚀的试样值高一些。

表 7-4　预腐蚀后的 1Mn18Cr18N 奥氏体不锈钢拉伸性能

试样编号	状态	$R_{p0.2}$	R_m	A_5/%	Z/%
1	预腐蚀	1038	1176	14.5	58
2		1048	1201	14.0	58
3		1030	1184	16.0	57
4		1086	1229	15.5	52
5	未经过预腐蚀	1014	1201	13.0	52
6		991	1170	13.5	51
7		1012	1186	14.0	55
8		1015	1210	13.0	52

注：拉伸试样是在 100℃进行的

从表 7-5 可知，经过预腐蚀后室温冲击性能有所下降，低于未经过任何处理试样的冲击功。

表 7-5　预腐蚀后的 1Mn18Cr18N 奥氏体不锈钢冲击性能

试样编号	试样状态	A_{KV}/J
1	预腐蚀	78
2		74
3		66
4		84
5	未经过预腐蚀	87
6		92
7		89
8		82

7.4　本 章 小 结

（1）由于 100～600℃时，晶界并没有发生大的变化，因此力学因素和热处理温度是应力腐蚀开裂的重要因素。

（2）预腐蚀将使相同应变条件下材料的低周疲劳寿命略有降低，会加速材料的低周疲劳失效。

（3）预腐蚀后试样与未腐蚀的试样相比，拉伸性能值将略微升高，但是塑形值将稍微降低。

参 考 文 献

[1] 肖继美. 应力作用下的金属腐蚀[M]. 北京: 中国工业出版社, 1962.

[2] 王辉亭, 李文君, 过洁, 等. 汽轮发电机无磁性合金钢护环锻件技术规范: 0EA.640.417—2005[S]. 哈尔滨电机厂有限责任公司, 2005.

[3] 罗鑫, 夏爽, 李慧, 等. 晶界特征分布对304不锈钢应力腐蚀开裂的影响[J]. 上海大学学报（自然科学版）, 2010, 16（2）: 177-182.

[4] 韩涛, 方晓英, 李宁, 等. 晶界特征分布优化改善304不锈钢晶间腐蚀研究[J]. 材料热处理技术, 2011, 40（14）: 59-109.

[5] 300MW～600MW 汽轮发电机无磁性护环锻件技术条件: JB/T 7030—2002[S]. 北京: 机械工业出版社, 2003.

[6] Watanabe T. Grain boundary design and control[J]. Mechanics Research Communications, 1984, 11: 47-84.

[7] 奚明华, 张静江. 316不锈钢应力腐蚀断裂扫描电镜研究[J]. 理化检验（物理分册）, 1999, 35(4): 155-157.

[8] 李慧. Ni-Cr-Fe合金中晶界偏聚与晶界析出的研究[D]. 上海: 上海大学, 2011:66-67.

[9] 方园园. 新型奥氏体耐热钢HR3C的析出相分析[D]. 大连: 大连理工大学, 2010: 21-26.

[10] 夏爽. 690合金中晶界特征分布及其演化机理的研究[D]. 上海: 上海大学, 2007: 1-5.

[11] 范丽霞, 潘春旭, 蒋昌忠, 等. 奥氏体不锈钢超高温服役过程中组织转变和晶界特征的 EBSD 研究[J]. 中国体视学和图像分析, 2005, 10（4）: 233-236.

[12] 曹圣泉. IF钢织构与晶界特征分布的研究[J]. 金属学报, 2004, 40（10）: 1045-1050.

第 8 章　1Mn18Cr18N 奥氏体不锈钢室温和高温拉伸行为研究

8.1　引　　言

奥氏体不锈钢是指在常温下具有奥氏体组织的耐腐蚀钢。1Mn18Cr18N 奥氏体不锈钢是汽轮发电机护环常用的一种奥氏体不锈钢材料，其中低碳和高铬使其具有优良的耐腐蚀性能；高锰使材料具有顺磁性；氮元素可以稳定奥氏体并扩大室温下的奥氏体相区，使其不出现铁磁性。氮化物具有弥散强化作用，能够显著地提高材料的抗蠕变性能。氮元素具有固溶作用，使奥氏体晶格发生膨胀畸变，极大地提高材料屈服强度，使得材料在具有高强度状态的同时，具有良好的韧性和耐应力腐蚀性能[1]。为了解 1Mn18Cr18N 奥氏体不锈钢在室温拉伸状态下性能及裂纹的萌生、扩展和断裂，可以利用带有动态拉伸台的扫描电子显微镜从微观角度深入研究该材料的组织演变和力学性能。张静武等[2]利用透射电子显微镜原位拉伸方法，对面心立方结构的 304L 钢进行了裂纹萌生和扩展的观察，并对裂纹尖端扩展和晶面变形机制进行了分析，结果表明晶内开裂起源于无位错区，裂纹在无位错区中形成和位错塞积无直接关系。谢敬佩等[3]利用透射电子显微镜原位拉伸的方法，研究了中锰奥氏体钢的加工硬化动态过程，结果表明伴随着变形量的增大，位错增殖并产生交互作用，变形析出的碳化物对位错运动产生强烈阻碍作用。除了原位拉伸试验外，本节还进行了高温拉伸试验。

8.2　1Mn18Cr18N 奥氏体不锈钢室温原位拉伸试验研究

图 8-1 为原位拉伸过程中的高分辨扫描照片。图 8-1（a）所对应的卡具位移为 0，图 8-1（b）和图 8-1（c）对应的卡具位移为 1.84mm，图 8-1（d）和图 8-1（e）对应的卡具位移为 2.00mm，图 8-1(f)～图 8-1(h)对应的卡具位移为 2.08mm，图 8-1（i）和图 8-1（j）对应的卡具位移为 2.10mm，图 8-1（k）和图 8-1（l）对应的卡具位移为 2.13mm。图 8-1(a)显示了未变形试样表面的宏观形貌。从图 8-1(b)

可以看出，在拉伸初期，试样的表面比较平滑，没有晶粒的浮突现象，在变形的初期，由于应变速率较低，变形比较均匀，只能在晶粒内看到一个方向的滑移带，而其他方向的滑移带比较模糊，说明一组方向的滑移系统占主导地位。随着变形的加剧，可以看到出现新方向的滑移带。图 8-1（c）为材料中固有的微小孔洞。从图 8-1（b）～图 8-1（e）可以看出，首先在预制裂纹附近的个别晶粒内出现大量的滑移线，随着变形量的增大，表面的浮突现象变得越来越明显，从最初的只有少数区域的个别晶粒发生塑性变形，到几乎所有晶粒都参与了变形。从图 8-1（f）～图 8-1（k）可以看出，随着变形量的增加，裂纹在应力集中的位置优先形成，沿两条滑移线界面扩展，由于 1Mn18Cr18N 奥氏体不锈钢的室温屈服应力 $R_{p0.2}$ 很高（达到1200MPa左右）且屈强比很高（0.90 以上），因此在变形的大部分时间内裂纹扩展的速率很低，当变形达到临界值时，试样出现"突然"断裂。

从图 8-1（e）和图 8-1（f）还可以发现，晶粒内部的滑移线形态分为直线形和波浪形，分别对应单滑移和多滑移。从变形的初期开始，单滑移和多滑移同时进行。由于材料内部塑性变形的不均匀性和不同时性，以及多晶粒协调变形，有些晶粒内的滑移线平直，有些已发生明显的弯曲。变形的后期，试样宽度方向的所有晶粒都参与了变形，由于每个晶粒的原始取向并不一致，因此在切应力的作用下，晶粒发生了扭转，逐渐与拉应力方向平行，晶粒逐渐变为扁平的纤维状，晶粒内部的滑移线急剧的增加。图 8-1（1）为试样断裂后的断口形貌图，断口内存在大量的韧窝和微小孔洞，材料的韧窝断裂由空穴形核、扩张和汇合造成，断裂形式属于韧性断裂[4]。

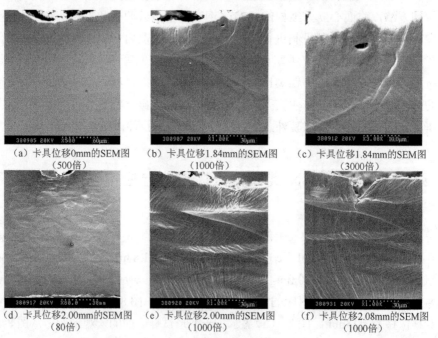

　　（a）卡具位移0mm的SEM图　　　（b）卡具位移1.84mm的SEM图　　（c）卡具位移1.84mm的SEM图
　　　　　　（500倍）　　　　　　　　　　　（1000倍）　　　　　　　　　　　（3000倍）

　　（d）卡具位移2.00mm的SEM图　　（e）卡具位移2.00mm的SEM图　　（f）卡具位移2.08mm的SEM图
　　　　　　（80倍）　　　　　　　　　　　（1000倍）　　　　　　　　　　　（1000倍）

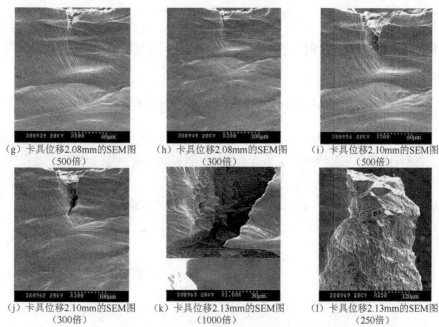

（g）卡具位移2.08mm的SEM图　（h）卡具位移2.08mm的SEM图　（i）卡具位移2.10mm的SEM图
（500倍）　　　　　　　　　（300倍）　　　　　　　　　（500倍）

（j）卡具位移2.10mm的SEM图　（k）卡具位移2.13mm的SEM图　（l）卡具位移2.13mm的SEM图
（300倍）　　　　　　　　　（1000倍）　　　　　　　　　（250倍）

图 8-1　不同卡具位移下的原位拉伸过程的 SEM 图

图 8-2 为滑移和孪生形貌图。从图 8-2（a）可以看出，两个方向滑移带的夹角在截面上测量大约为 40°。根据晶体学理论可知，奥氏体晶粒具有面心立方结构，（111）面为其密排面和滑移面，滑移面之间的夹角为 70°32′，由于金相照片是三维晶粒在某一方向上的投影，因此拉伸过程中滑移线的特征基本符合晶体学的位相关系。从图 8-2（b）可以看出，在拉伸过程中出现大量的孪晶，滑移线在孪晶界处出现了弯折。以上结果表明，滑移和孪生是 1Mn18Cr18N 奥氏体不锈钢在室温下的主要变形机制。

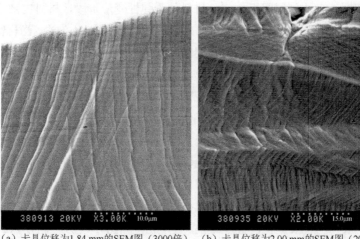

（a）卡具位移为1.84 mm的SEM图（3000倍）　（b）卡具位移为2.00 mm的SEM图（2000倍）

图 8-2　滑移形貌图（左）和孪生形貌图（右）

8.3　1Mn18Cr18N 奥氏体不锈钢高温原位拉伸试验研究

8.3.1　100℃下 1Mn18Cr18N 奥氏体不锈钢原位拉伸试验研究

图 8-3 为 100℃下的应力-应变曲线，在变形的初期，应力迅速上升至 1200MPa 左右，然后随着应变的增加，应力逐渐降低，当应变达到 0.037 时，应力值出现一个较大的降幅，达到 1000MPa，这可能是因为在试样的内部出现了微裂纹，造成了应力的突降；当应变达到 0.043 时，应力突降为 0，说明此时试样已经断裂。

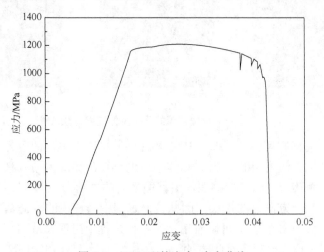

图 8-3　100℃下的应力-应变曲线

在拉伸初期，未达到屈服点之前，材料处于弹性变形阶段，材料内部未产生滑移线增殖，晶粒未发生变形，无明显颈缩的现象发生，见图 8-4（a）。当材料过屈服点，未达到最大拉应力前，在晶粒内部出现滑移线增殖现象，无滑移线的晶粒产生单滑移线，有单滑移线的晶粒出现与原单滑移呈一定角度的多滑移线，晶粒尺寸未发生明显变化。在此阶段过程中，随着应力的增加，晶粒被逐渐拉长，晶粒的伸长方向逐渐转向拉伸方向，晶粒内部滑移线快速增殖，滑移线变粗变密。由于该材料具有较低的层错能，全位错不易发生位错缠结，而更易分解为部分位错或产生形变孪晶，产生交滑移过程，如图 8-4（b）所示。过了最大应力后，随位移增加，力缓慢下降过程中，滑移线增多，在晶界及滑移区与未滑移区产生位错钉扎，也就是高亮区，试样中部圆弧过渡边缘产生微裂纹，微裂纹沿着垂直于拉应力方向切割滑移线向晶粒内部扩展，当裂纹扩展到晶界或孪晶处停止，如图 8-4（c）～图 8-4（e）所示。在应力快速下降过程中，中部萌生的微裂纹互相合并与边缘裂纹汇合后发生瞬间断裂，断口面与拉伸方向呈 45°，如图 8-4（f）所示。

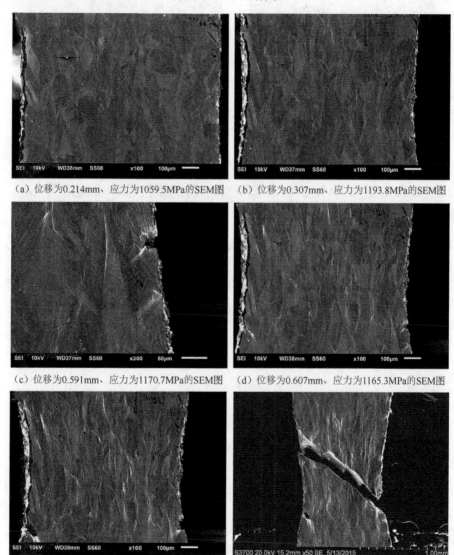

（a）位移为0.214mm、应力为1059.5MPa的SEM图　　（b）位移为0.307mm、应力为1193.8MPa的SEM图

（c）位移为0.591mm、应力为1170.7MPa的SEM图　　（d）位移为0.607mm、应力为1165.3MPa的SEM图

（e）位移为0.728mm、应力为645.2MPa的SEM图　　　　（f）断裂

图 8-4　100℃原位拉伸裂纹扩展 SEM 图

　　图 8-5 为 100℃原位拉伸试验断口 SEM 图。由图 8-5（a）可知，宏观断口由中心塑性断裂区和周围的剪切唇区组成。中心塑性断裂区凹凸不平，由大量的孔洞和韧窝组成，孔洞的尺度为 30～50μm。由以上分析可以看出，100℃下拉伸断裂机制为韧窝+微小孔洞。

（a）宏观照片

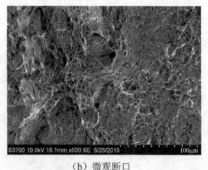
（b）微观断口

图 8-5　100℃原位拉伸断口 SEM 图

8.3.2　600℃下 1Mn18Cr18N 奥氏体不锈钢原位拉伸试验研究

图8-6 为600℃下的应力-应变曲线。在变形的初期，应力迅速上升至750MPa 左右，然后随着应变的增加，应力达到最大值约 800MPa，应力逐渐降低；当应变达到 0.06 时，应力值出现一个较大的降幅，达到 500MPa，这可能是因为在试样的内部出现了微裂纹，造成了应力的突降；当应变达到 0.066 时，应力突降为0，说明此时试样已经断裂。

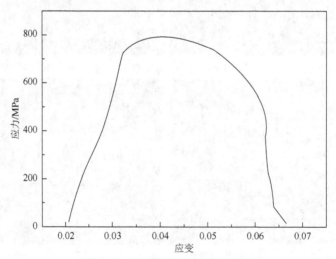

图 8-6　600℃下的应力-应变曲线

在拉伸应力的作用初期，材料平整表面出现起伏不平，在晶粒内部及晶界处产生位错。由于奥氏体基体韧性良好，在大变形量情况下表面出现大量的滑移条纹，滑移在晶界处聚集造成应力集中而产生微裂纹，当微裂纹扩展到一定程度时裂纹优先在奥氏体的晶粒内部快速扩展，集中应力被释放，微裂纹首先沿滑移方向进行扩展。随加载力的继续增大，与应力垂直的方向上位错运动幅度增加，与应力平行方向上位错运动幅度减小。在裂纹持续扩展过程中，基体中裂纹连续扩展特征一直保持到试样断裂[5,6]。从图 8-7（a）～图 8-7（h）依次可以看出，在变形的初期，晶粒呈多边形，随着变形的继续晶粒逐渐沿拉伸方向被拉长，晶粒内部的滑移线逐渐增多，并在局部区域形成了滑移线的剧烈堆积；接着在局部区域会出现应力集中，在试样的边部出现裂纹源；由于试验温度为 600℃，该温度下材料的晶界处会析出大量的碳化物，造成塑性的急剧降低，因此材料在断裂的过程中，会沿着晶界断裂，断口呈平直的状态。通过以上的分析可知，裂纹产生的机制如下：裂纹首先在晶内或晶界处萌生，裂纹前端产生应力集中，裂纹生长使应力得到释放，裂纹扩展速率降低；当裂纹扩展到晶界处时，由于两侧晶粒的取向不同阻止裂纹进一步扩展，裂纹扩展方向会发生变化。A.Griffith 与 E.Orowan 等对裂纹扩展临界应力进行如下定义：材料中扩展裂纹的长度为 c 时，则裂纹扩展临界应力为

$$\sigma_c = \sqrt{\frac{4E(\gamma_e + \gamma_p)}{(1-\nu^2)\pi c}} \tag{8-1}$$

式中，σ_c 为裂纹扩展临界应力；E 为弹性模量；γ_e 为裂纹扩展单位面积所需的弹性变形能；γ_p 为裂纹扩展单位面积所需的塑性变形能；ν 为泊松比；π 为圆周率；c 为裂纹扩展长度。由式（8-1）可知，裂纹扩展长度 c 在原位拉伸试验的过程中逐渐增大，裂纹扩展临界应力 σ_c 随裂纹扩展长度 c 逐渐增大而降低，当加载力超过材料裂纹扩展的临界应力时，裂纹扩展不会出现分叉现象，而是沿基体一定晶体学取向快速扩展，最终材料瞬间断裂为两个独立体[7]。

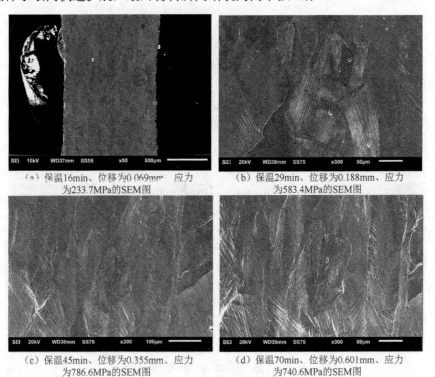

（a）保温16min、位移为0.069mm、应力
为233.7MPa的SEM图

（b）保温29min、位移为0.188mm、应力
为583.4MPa的SEM图

（c）保温45min、位移为0.355mm、应力
为786.6MPa的SEM图

（d）保温70min、位移为0.601mm、应力
为740.6MPa的SEM图

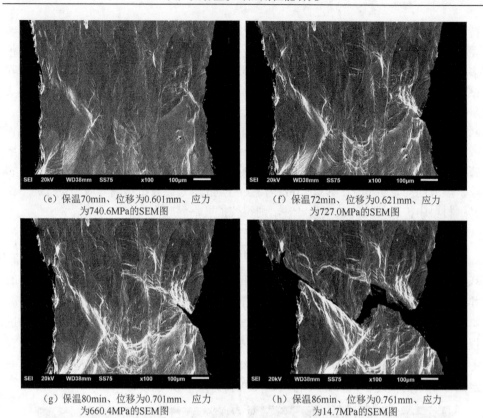

（e）保温70min、位移为0.601mm、应力　　　　　（f）保温72min、位移为0.621mm、应力
　　为740.6MPa的SEM图　　　　　　　　　　　　　　为727.0MPa的SEM图

（g）保温80min、位移为0.701mm、应力　　　　　（h）保温86min、位移为0.761mm、应力
　　为660.4MPa的SEM图　　　　　　　　　　　　　　为14.7MPa的SEM图

图 8-7　　600℃原位拉伸过程的 SEM 图

　　1Mn18Cr18N 奥氏体不锈钢的断裂从裂纹萌生机制上看，属于微孔聚集型断裂（图 8-8）。即首先在晶界交汇处萌生微裂纹，微裂纹沿晶内滑移线进一步扩展，扩展过程中微裂纹会诱导和促进其扩展方向上微孔洞和微裂纹的进一步产生，主裂纹上的裂纹不断合并进一步扩展并抑制其他扩展方向上的微孔洞和微裂纹的产生，最终断裂为两个独立体。裂纹扩展路径沿晶内扩展表明 1Mn18Cr18N 奥氏体不锈钢的断裂属穿晶断裂。

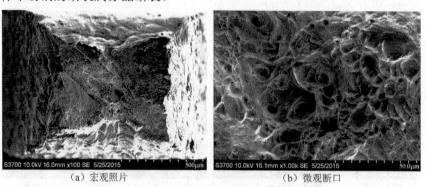

（a）宏观照片　　　　　　　　　　　　　　（b）微观断口

图 8-8　　600℃原位拉伸断口 SEM 图

8.4　1Mn18Cr18N 奥氏体不锈钢高温拉伸试验研究

8.4.1　1Mn18Cr18N 奥氏体不锈钢高温拉伸试样断口形貌研究

图 8-9 为不同加热温度下拉伸试验的试样宏观和微观（100 倍）断口。从图 8-9（a）和图 8-9（b）可以看出，试样在 200℃进行拉伸后，从试样宏观照片可以看出，试样内部颈缩现象不明显，断口由周围的剪切唇区和中心的塑性变形区组成，断口凹凸不平，拉伸变形趋于形成新的微小孔洞，说明微小孔洞的聚集长大是引起断裂的主要原因，属于韧窝+微小孔洞的断裂机制。从图 8-9（c）和图 8-9（d）可以看出，试样在 400℃进行拉伸后，宏观断口表面光滑平坦，几乎全为剪切唇区，从微观断口可观察到韧窝和微小孔洞特征，属于韧窝和微小孔洞的韧性断裂机制。从图 8-9（e）和图 8-9（f）可以看出，试样经在 600℃进行拉伸后，韧窝密度大，韧窝深，韧窝尺寸明显变大，撕裂变形明显，大多数韧窝为圆形。从图 8-9（g）和图 8-9（h）可以看出，试样在 800℃进行拉伸后，宏观断口的剪切唇区消失，从微观断口可观察到存在大量凹坑，这是由于晶界处含有富 Cr 颗粒，但与奥氏体基体界面结合能力差，同时，大的富 Cr 颗粒与奥氏体基体之间本身塑形相差较大，在较高温度下变形使富 Cr 颗粒从奥氏体基体上剥离有的自身会发生破碎，最终成为潜在的裂纹源并会加剧裂纹的扩展，属脆性断裂机制。由以上的分析可知，随着温度的升高和保温时间的延长，1Mn18Cr18N 奥氏体不锈钢的断裂机制由韧性断裂逐渐转化为脆性断裂。从图 8-9（i）和图 8-9（j）可以看出，试样在 1000℃进行拉伸试验，从宏观断口可以看出试样出现明显的颈缩，剪切唇区消失，微观断口内部存在大量的微小孔洞，说明断裂是由微小孔洞的聚集长大引起的，断裂机制属于韧窝+微小孔洞[8-11]。

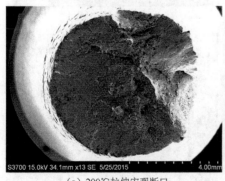 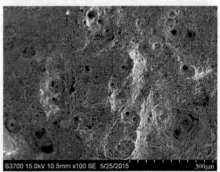

（a）200℃拉伸宏观断口　　　　　　　（b）200℃拉伸微观断口

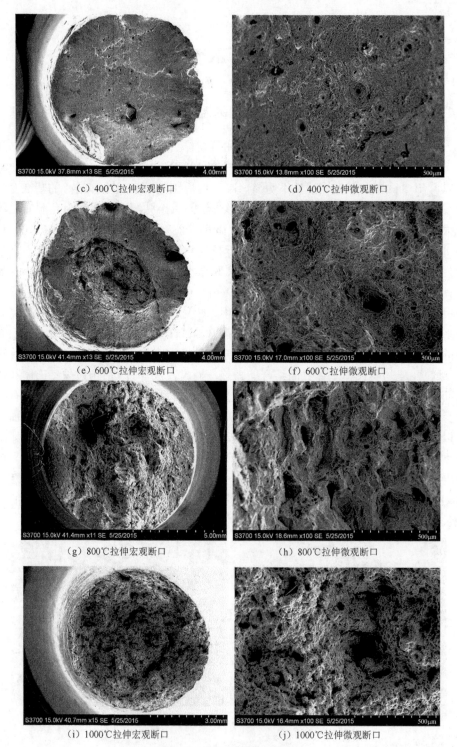

(c) 400℃拉伸宏观断口   (d) 400℃拉伸微观断口

(e) 600℃拉伸宏观断口   (f) 600℃拉伸微观断口

(g) 800℃拉伸宏观断口   (h) 800℃拉伸微观断口

(i) 1000℃拉伸宏观断口   (j) 1000℃拉伸微观断口

图 8-9　高温拉伸断口形貌

8.4.2　1Mn18Cr18N 奥氏体不锈钢高温拉伸试样力学性能研究

图 8-10 为加热温度为 200~1000℃的非比例延伸强度 $R_{p0.2}$、抗拉强度 R_m、断后延伸率 A_5 和断面收缩率 Z 的平均值。从图可以看出，对于抗拉强度 R_m 而言，当加热温度由 200℃升高至 1000℃时，抗拉强度值呈线性下降，由 1100MPa 降低至 210MPa 左右。对于非比例延伸强度 $R_{p0.2}$ 来说，当加热温度由 200℃升高至 1000℃时，非比例延伸强度值呈线性下降，由 1000MPa 降低至 200MPa 左右。就断后延伸率 A_5 而言，当加热温度在 200~800℃时，随着温度的升高，断后延伸率逐渐降低，由 14.5%逐渐降低至 7%；当温度由 800℃升高至 1000℃时，断后延伸率陡升，由 7%升高至 21%。就断面收缩率 Z 而言，当加热温度在 200~600℃时，随着温度的升高，断面收缩率基本保持不变，由 59%略微增加至 62.5%左右；当温度由 600℃升高至 800℃时，断后延伸率陡降，由 62.5%降低至 30%左右；当温度由 800℃升高至 1000℃时，断后延伸率急剧升高，由 30%升高至 67.5%左右，这是因为当加热温度达到 800℃时，晶界出现一些析出物的聚集，这些析出物属于脆性相，将在很大程度上影响材料的塑形指标。

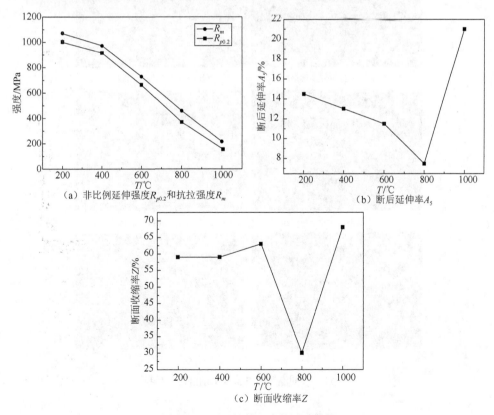

（a）非比例延伸强度$R_{p0.2}$和抗拉强度R_m

（b）断后延伸率A_5

（c）断面收缩率Z

图 8-10　不同拉伸温度的试验性能

8.4.3　1Mn18Cr18N 奥氏体不锈钢高温拉伸试样微观组织研究

　　不同加热温度下试样高温拉伸的金相组织，如图 8-11 所示。当高温拉伸温度为200℃时，晶粒内部存在大量的滑移线，晶粒形状为多边形，晶粒内部存在大量的孪晶，晶粒尺寸为 100μm 左右，如图 8-11（a）所示。当高温拉伸温度为 400℃和 600℃时，晶粒内部的滑移线变少，晶粒形状为多边形，晶粒尺寸保持不变[图 8-11（b）和图8-11（c）]所示。当加热温度达到 800℃时，晶界发生析出物的偏聚。加热温度的不断升高，晶粒内部的滑移线会不断减少，如图 8-11（d）所示。当加热温度继续升高到1000℃时，由于晶界周围存在较大的驱动能量促使该区域发生动态再结晶，同时，随着变形的逐渐增大，晶粒由多边形变为锯齿形，并形成密集细小的等轴晶组织，如图8-11（e）所示；当温度继续升高到 1100℃时，晶粒附近的应变差不断减弱，再结晶晶粒的尺寸和数量不断增大和增多，组织趋于均匀化，如图 8-11（f）所示。

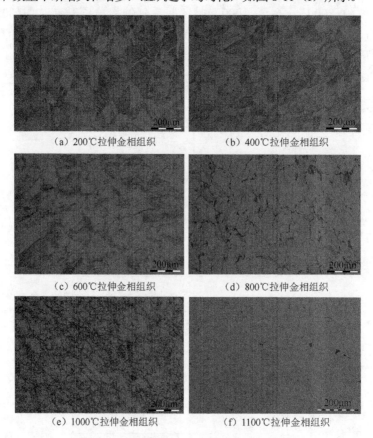

（a）200℃拉伸金相组织　　　　　　（b）400℃拉伸金相组织

（c）600℃拉伸金相组织　　　　　　（d）800℃拉伸金相组织

（e）1000℃拉伸金相组织　　　　　　（f）1100℃拉伸金相组织

图 8-11　不同温度试样高温拉伸的金相组织

图 8-12 是高温拉伸后的 1Mn18Cr18N 奥氏体不锈钢的透射电子显微镜照片。从图 8-12（a）中可以看出，试样中存在大量孪晶，奥氏体不锈钢在变形过程中，孪生变形为主要的变形机制。在拉伸变形过程时，晶粒内部产生多个方向的孪生系统相互交割，一方面可以改变晶粒的位向，使得处于原本不易于滑移的位向变得有利于滑移；另一方面，多组变形孪晶的生成，进一步增加了奥氏体不锈钢变形的阻力，材料的强度也在增加[8]。高温拉伸温度为 400℃ 和 600℃ 时，孪晶内部的位错缠结逐渐减少，如图 8-12（b）和图 8-12（c）所示。高温拉伸温度增加到 800℃ 时，大部分孪晶消失，并有细小的析出相生成，如图 8-12（d）中箭头所示。高温拉伸温度为 1000℃ 时，孪晶很难被发现，几乎全部消失，无明显孪晶界存在，并形成了胞状组织，组织内部的位错很少，说明出现了再结晶现象，如图 8-12（e）所示。

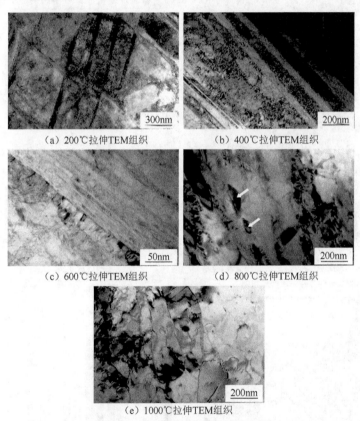

（a）200℃拉伸TEM组织　　　　　　（b）400℃拉伸TEM组织

（c）600℃拉伸TEM组织　　　　　　（d）800℃拉伸TEM组织

（e）1000℃拉伸TEM组织

图 8-12　高温拉伸后的 TEM 组织

图 8-13 是 200～1000℃ 拉伸的 EBSD 组织。200℃ 拉伸时，主要以小角度晶界为主，体积分数可以达到 84%，晶粒的平均尺寸为 80μm；400℃ 拉伸时，主要以小角度晶界为主，体积分数可以达到 80%，晶粒的平均尺寸为 73μm；600℃ 拉伸时，主要以小角度晶界为主，体积分数可以达到 83%，晶粒的平均尺寸为 85μm；

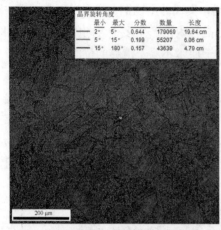

（a）200℃拉伸晶界角度差分布图

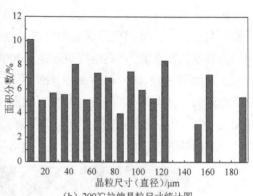

（b）200℃拉伸晶粒尺寸统计图

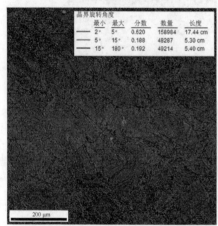

（c）400℃拉伸晶界角度差分布图

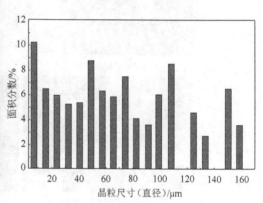

（d）400℃拉伸晶粒尺寸统计图

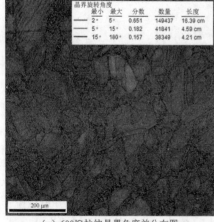

（e）600℃拉伸晶界角度差分布图

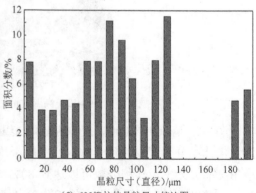

（f）600℃拉伸晶粒尺寸统计图

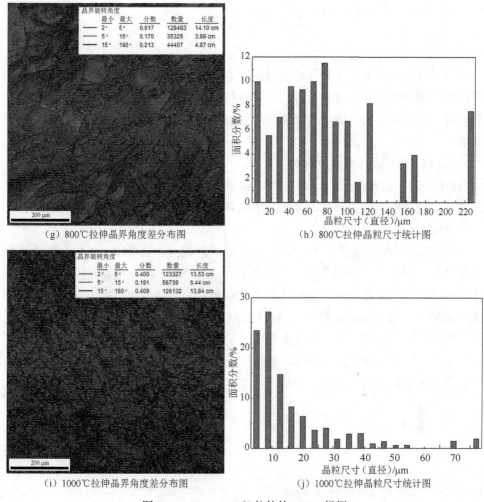

（g）800℃拉伸晶界角度差分布图　　　　　（h）800℃拉伸晶粒尺寸统计图

（i）1000℃拉伸晶界角度差分布图　　　　　（j）1000℃拉伸晶粒尺寸统计图

图 8-13　200~1000℃拉伸的 EBSD 组织

800℃拉伸时，主要以小角度晶界为主，体积分数可以达到 78%，晶粒的平均尺寸为 81μm；1000℃拉伸时，小角度晶界体积分数为 51%，大角度晶界体积分数为 49%，晶粒的平均尺寸为 15μm。由以上结果分析可知，随着拉伸温度的提高，晶粒内部位错数量急剧增加，位错发生缠结并在晶界处塞积使亚结构的数量增多，晶界更容易发生偏转，动态再结晶更容易发生。当拉伸温度升高到 1000℃时，尺寸较大的晶粒在塑性变形的过程中大量破碎成密集细小的再结晶晶粒，因此，随着高温拉伸温度的提高，晶粒尺寸会更为细小而趋于均匀化[12]。

8.5　本章小结

（1）1Mn18Cr18N 奥氏体不锈钢在室温下的主要变形机制是滑移和孪生。在变形的初期单滑移和交滑移同时出现。滑移线在孪晶界处出现弯折。试样的预制裂纹处容易造成应力集中，是微裂纹萌生的主要发源地。试样的断裂机制为韧性断裂。

（2）在 100℃进行原位拉伸时，断口面与拉伸方向呈 45°，拉伸断裂机制为韧窝+微小孔洞。在 600℃进行原位拉伸时，该温度下材料的晶界处会析出大量的碳化物，造成塑性的急剧降低，因此材料在断裂的过程中，会沿着晶界断裂，断口呈平直的状态。

（3）当高温拉伸温度为 400℃和 600℃时，晶粒内部的滑移线变少，晶粒形状为多边形，晶粒尺寸保持不变；当加热温度达到 800℃时，晶界发生析出物的偏聚。加热温度的不断升高，晶粒内部的滑移线会不断减少。当加热温度继续升高到 1000℃时，由于晶界周围存在较大的驱动能促使该区域发生动态再结晶，同时，随着变形的逐渐增大，在大晶粒的锯齿形晶界周围，形成大量的密集细小等轴晶组织。随着加热温度的升高，强度值逐渐降低。当加热温度达到 800℃时，断后延伸率和断面收缩率骤降；当加热温度达到 1000℃，再次升高。

参 考 文 献

[1] 何文武. 大型发电机护环制造关键技术[M]. 北京: 国防工业出版社, 2012: 1-4.

[2] 张静武, 荆天辅, 姚枚. 单相 fcc 金属晶内裂纹萌生与扩展的 TEM 原位分析[J]. 材料研究学报, 1999, 13（1）: 31-35.

[3] 谢敬佩, 祝要民, 李庆春, 等. 中锰钢透射电镜原位拉伸观察[J]. 电子显微学报, 1999, 18（5）: 531-535.

[4] 袁志钟, 戴起勋, 程晓农, 等. 高氮奥氏体不锈钢动态拉伸的 SEM 原位观察[J]. 江苏大学学报, 2003, 24（3）: 62-65.

[5] 闫华, 张培磊, 于治水. 改性高锰钢裂纹萌生与扩展的原位拉伸研究[J]. 热加工工艺, 2014, 43（2）: 64-66.

[6] 李慎升, 米振莉, 江海涛, 等. Fe-23Mn TWIP 钢拉伸变形过程中微观组织的原位观察[J]. 材料热处理技术, 2009, 38（12）: 55-57.

[7] 王斌, 易丹青, 罗文海, 等. SEM 原位观察 ZK60(0.9Y)镁合金板材的断裂行为[J]. 北京科技大学学报, 2009, 31（5）: 586-591.

[8] 张志波. Fe-Mn-C 系 TWIP 钢组织性能及变形机制的研究[D]. 沈阳: 东北大学, 2013: 73-78.

[9] 杨晓雅. 核电用 316LN 奥氏体不锈钢热变形组织演变与断裂行为[D]. 北京: 北京科技大学, 2016: 85-89.

[10] 江海涛, 米振莉, 唐荻, 等. TWIP 钢拉伸变形过程中微观组织的原位观察[J]. 材料工程, 2008（1）: 38-41.

[11] 陈国宏, 潘家栋, 刘俊建, 等. 650℃时效 Super304H 耐热钢的显微结构与高温拉伸性能[J]. 材料热处理学报, 2013, 34（5）: 103-109.

[12] 孙世成. 高氮无镍奥氏体不锈钢的微观结构和力学性能研究[D]. 长春: 吉林大学, 2014.

第 9 章　1Mn18Cr18N 奥氏体不锈钢准静态断裂韧性研究

9.1　引　　言

在金属材料的使用过程中，人们观察到大量的断裂现象。涉及大型机电设备的各类轴锻件的断裂破坏事故，后果非常严重。所以，断裂始终是工程设计的重点。传统的弹塑性力学研究的对象是连续均匀无缺陷的理想弹性体，然而实际的工程材料不可避免地存在各种缺陷，这些缺陷在使用中会逐渐发展成宏观裂纹，最终引起结构和零部件在低应力作用下的脆性断裂。由于传统的强度分析方法不足以防止发生低应力脆性断裂破坏，因此断裂力学应运而生，它着重研究裂纹发展和结构破坏等方面的规律。宏观裂纹会造成部件发生低应力脆性断裂。裂纹产生的途径很多，有的发生在材料的生产或加工制造过程中，有的在服役工况下产生。裂纹的产生使材料的组织均匀连续性遭到破坏，同时也使材料内部应力的分布发生改变，所以已经不能用无裂纹的试样来分析部件的整体结构性能。护环由于原材料的原因，同时在作用力、温度和腐蚀介质等复杂的服役环境中长期运行，不可避免地产生各类缺陷，而缺陷的存在势必会对护环的安全运行造成严重的影响。而且护环在高温条件下工作，按照常温力学性能设计存在某种意义上的安全隐患，因而研究护环用 1Mn18Cr18N 奥氏体不锈钢的高温和常温断裂韧性具有很强的工程实践意义[1-6]。

研究断裂韧性可分为线弹性状态下的平面应力断裂韧性和弹塑性状态的断裂韧性两种情况，一般可采用裂纹尖端张开位移、应力强度因子及 J 积分三种方式来表征，通过分析含有一定尺寸的裂纹尖端的应力应变场，得到表征应力应变场的强度特征参数，也就是应力强度因子 K，这是线弹性断裂力学理论研究的主要方向。但线弹性断裂力学还有一定的局限性，它未考虑裂纹尖端的小范围屈服，小范围屈服指的是裂纹尖端附近的塑性区尺寸较小，明显低于应力强度因子所主导区的裂纹尖端尺寸。裂纹在快速失稳扩展的情况下，裂纹尖端材料始终处于塑性变形区，因此，采用线弹性状态下的平面应力断裂韧性已经失去意义，需要运用弹塑性断裂力学相关理论考虑裂纹尖端存在塑性区的情况，由于 J 积分有完善的理论推导，因此本章采用 J 积分法[7]。

本章中对不同热处理后的试样进行了准静态断裂韧性试验，测量得到了不同温度下的 J_{IC} 值，并利用 SEM 对断口进行了扫描分析，总结了不同温度下的断口规律。

9.2　1Mn18Cr18N 奥氏体不锈钢准静态断裂韧性试验

预制裂纹参数：应力比 $R=0.1$，预裂长度 $L=2.3\text{mm}$。采用位移控制加载，加载速率为 0.6mm/min，试验温度分别为：25℃、100℃、200℃、300℃、400℃、500℃、550℃和600℃。

表9-1～表9-8 分别为25℃、100℃、200℃、300℃、400℃、500℃、550℃和600℃的阻力曲线数据表（试样位置为中环）。按照 GB/T21143—2007《金属材料准静态断裂韧度的统一试验方法》要求采用多试验法获得不同裂纹扩展量Δa对应的 J 积分值，通过拟合阻力曲线 J-Δa 得到对应$\Delta a =0.2\text{mm}$处的$J_{0.2BL}$，经过判定后获得不同温度下对应的J_{IC}。用于断裂韧性试验的试样全部取自护环中环，通常情况下得到 1 个 J_{IC} 值需 6～15 个试样，因此被称为多试样法。图 9-1 为不同热处理工艺后的 J-Δa 阻力曲线。

表 9-1　25℃阻力曲线数据

试样原编号	Δa/mm	J/（kJ/m^2）
1	1.073	286.437574
2	0.543	224.270018
3	0.299	177.644549
4	0.358	181.724939
5	0.674	233.935285
6	0.792	257.485010
7	0.230	163.392108
8	0.261	176.268357

表 9-2　100℃热处理阻力曲线数据

试样原编号	Δa/mm	J/（kJ/m^2）
1	2.701375	412.2919741
2	1.677625	358.139783
3	1.5726875	312.3286768
4	1.14175	278.1382246
5	1.3450625	342.6186098
6	1.4165	298.7125767
7	0.8326875	269.6060778
8	0.717	246.5009777

续表

试样原编号	Δa/mm	$J/(kJ/m^2)$
9	0.6354375	216.9280168
10	0.5550625	223.2625284
11	0.8379375	238.9320056
12	0.3888125	196.7986941
13	0.2321875	166.7119884
14	0.1095625	138.8405613
15	0.10075	141.171876

表 9-3　200℃热处理阻力曲线数据

试样原编号	Δa/mm	$J/(kJ/m^2)$
1	1.249	266.280918
2	0.103	130.6742051
3	0.193	155.4505935
4	0.714	219.9348517
5	0.349	171.6151627
6	0.213	164.4002878
7	0.627	199.3203316
8	0.903	248.4014815

表 9-4　300℃热处理阻力曲线数据

试样原编号	Δa/mm	$J/(kJ/m^2)$
1	0.2109375	137.0091469
2	1.4559375	287.7365384
3	0.298125	187.2389637
4	0.1625	145.9091305
5	0.4373125	191.292143
6	0.92575	239.2105662
7	0.16925	137.7647292
8	1.029375	270.5710546
9	0.6209375	217.8651648

表 9-5　400℃热处理阻力曲线数据

试样编号	Δa/mm	$J/(kJ/m^2)$
1	1.544	324.3704605
2	0.725	229.2613092

续表

试样编号	Δa/mm	J/ (kJ/m^2)
3	0.585	239.233303
4	0.587	195.920414
5	0.276	177.2259135
6	0.163	154.9037708
7	0.404	180.6779258
8	0.921	256.9797123

表 9-6　500℃热处理阻力曲线数据

试样编号	Δa/mm	J/ (kJ/m^2)
1	1.509	306.5580035
2	0.093	157.1661071
3	0.448	189.658118
4	0.542	213.8529947
5	0.186	168.7551153
6	0.673	225.0434779
7	0.343	170.5363029

表 9-7　550℃热处理阻力曲线数据

试样编号	Δa/mm	J/ (kJ/m^2)
1	0.11375	121.44833
2	0.1458125	140.82305
3	0.1935625	152.35934
4	0.2816875	154.10236
5	0.46425	186.64647
6	0.5844375	202.87265
7	0.6705625	215.24227
8	0.7286875	233.93324

表 9-8　600℃热处理阻力曲线数据

试样编号	Δa/mm	J/ (kJ/m^2)
1	0.26556	151.6420055
2	0.32312	173.788665
3	0.40194	193.1225328
4	0.24875	140.3521516
5	0.19194	126.3444564

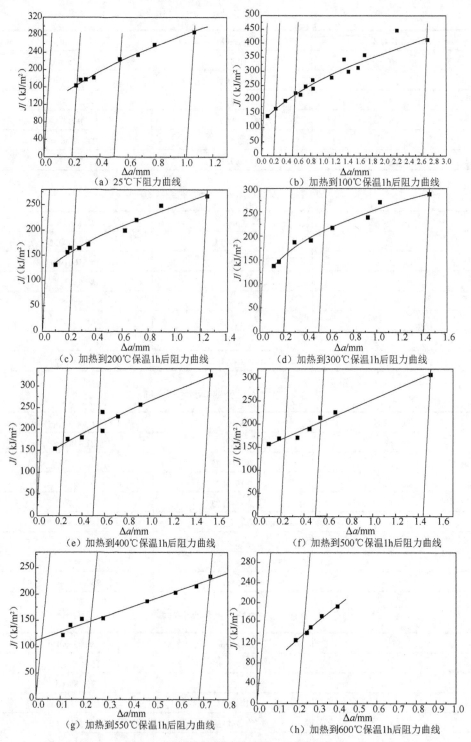

（a）25℃下阻力曲线　　　　　　（b）加热到100℃保温1h后阻力曲线

（c）加热到200℃保温1h后阻力曲线　　（d）加热到300℃保温1h后阻力曲线

（e）加热到400℃保温1h后阻力曲线　　（f）加热到500℃保温1h后阻力曲线

（g）加热到550℃保温1h后阻力曲线　　（h）加热到600℃保温1h后阻力曲线

图 9-1　不同热处理工艺后的 *J*-Δ*a* 阻力曲线

由 V 形缺口试样冲击功随热处理温度的变化规律可知，1Mn18Cr18N 奥氏体不锈钢的韧脆转化温度为 550～600℃，断裂韧性试验结果体现了相同的规律。表 9-9 为不同温度下 J 积分拟合公式和 J_{IC} 值。

表 9-9　不同温度下 J 积分拟合公式和 J_{IC} 值

退火试验温度	J_{IC}	退火试验温度	J_{IC}
25℃	$J=195.26399 \times (\Delta a)^{0.6038} + 83.96397$ $J_{0.2BL} = J_{IC} = 165.41 \text{ kJ/m}^2$	400℃	$J=141.53 \times (\Delta a)^{0.818} + 122.98$ $J_{0.2BL} = J_{IC} = 166.45 \text{kJ/m}^2$
100℃	$J=185.61 \times (\Delta a)^{0.577} + 88.02$ $J_{0.2BL} = J_{IC} = 168.60 \text{kJ/m}^2$	500℃	$J=112.07 \times (\Delta a)^{0.945} + 142.63$ $J_{0.2BL} = J_{IC} = 171.39 \text{kJ/m}^2$
200℃	$J=147.1288 \times (\Delta a)^{0.62688} + 99.9903$ $J_{0.2BL} = J_{IC} = 159.24 \text{kJ/m}^2$	550℃	$J=112.00 \times (\Delta a)^{0.951} + 159.72$ $J_{0.2BL} = J_{IC} = 149.67 \text{ kJ/m}^2$
300℃	$J=204.65 \times (\Delta a)^{0.404} + 51.00$ $J_{0.2BL} = J_{IC} = 164.91 \text{kJ/m}^2$	600℃	$J=325.89 \times (\Delta a)^{0.716} + 24.77$ —

注：由于 600℃试验不符合 GB/T 21143—2007 中 7.4.1.2 中关于 Δa_{max} 的要求，因此 600℃本试验结果仅做参考，不是有效试验

金属材料的韧性是外力作用使材料发生变形、裂纹萌生、扩展直至断裂整个过程吸收能量的能力。表征材料力学性能指标的韧性也被称为韧度。按照试样外形尺寸和加载方式的不同，韧度又可分为光滑状态下的拉伸静力韧度、带缺口状态下的冲击静动态韧度以及带原始裂纹的裂纹韧度等，通常，也把裂纹韧度称为断裂韧度。冲击静动态韧度和断裂韧度一般以能量表示，它们虽然都是代表着能量韧性，但是表示材料的性能指标又不尽相同。裂纹断裂韧度和冲击静动态韧度根据不同的试验温度会发生变化，存在的一定的规律性，但两者之间的变化不是同步进行的，因此，精确建立它们之间的数学关系很难。然而，由于带缺口状态的冲击试样缺口尖端应力较大，与实际的裂纹试样较为接近，基于此，可得到冲击吸收能量与断裂韧度之间的经验公式（9-1）。从式中可以看出，断裂韧性受材料的屈服强度和冲击吸收能量的影响，说明断裂韧度是反映材料强韧性能的综合指标之一[8-10]。

$$J_{IC} = 0.624 \frac{1-\nu^2}{E} \sigma_{0.2} (A_{KV} - 0.01\sigma_{0.2}) \tag{9-1}$$

图 9-2 为 J_{IC} 随热处理温度的变化关系。从图可以看出，随着热处理温度的升高（100～400℃），J_{IC} 基本保持不变，范围为 159.24～171.39kJ/m²；当热处理温度升高至 550℃时，J_{IC} 降低至 149.67kJ/m²。当热处理温度升高至 600℃时，由于试样迅速断裂，而导致 J_{IC} 无法测出。由式（9-1）可知，由于在某一温度的 $R_{p0.2}$ 值基本固定，则 J_{IC} 和冲击功 A_{KV} 有一定的线性对应关系，冲击功越高，J_{IC} 也越高；冲击功越低，J_{IC} 也越低。由第 5 章第 5-8 图可知，当热处理温度达到 600℃时，冲击功将急剧降低至 70J 以下，据推测 J_{IC} 也将降低至 20kJ/m² 以下。

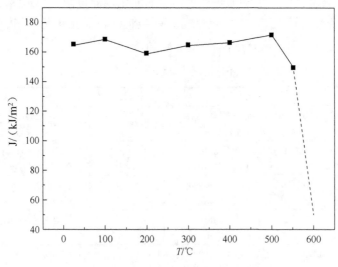

图 9-2 J_{IC} 随热处理温度的变化关系

9.3 1Mn18Cr18N 奥氏体不锈钢准静态断裂韧性断口形貌研究

断口一般呈现三个区域：预制疲劳裂纹区、裂纹扩展区和瞬时断裂区。如图 9-3 和图 9-4 所示，当热处理温度低于 550℃时，断口沿着预制裂纹处开裂，试样断裂成两部分。图中 1 所代表的区域为预制疲劳裂纹区，其前端为裂纹伸张区，该区域宽度十分狭窄，肉眼不容易辨认；2 所代表的区域为裂纹扩展区；3 所代表的区域为瞬时断裂区。

（a）俯视图

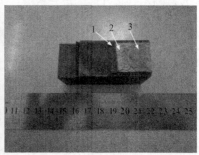

（b）宏观断口照片

图 9-3 25℃断裂韧性试样宏观照片

（a）俯视图　　　　　　　　　　　（b）宏观断口照片

图 9-4　550℃断裂韧性试样宏观照片

如图 9-5 所示，当热处理温度达到 600℃时，试样断裂成三部分（如白色箭头所示），断口并未沿着预制裂纹处裂开，而是沿着和试样对称轴呈 60°左右的方向开裂。

（a）俯视图　　　　　　　　　　　（b）宏观断口照片

图 9-5　600℃断裂韧性试样宏观照片

图 9-6 为室温断裂韧性试验的断口形貌 SEM 图。在疲劳裂纹稳定扩展阶段，微观断口形貌中可观察到大量的疲劳辉纹特征，是疲劳断口的典型特征。通常，材料的塑性越好，越容易出现疲劳辉纹，在裂纹稳定扩展过程中，塑性变形吸收了裂纹扩展过程中产生的能量，使得裂纹扩展速度逐渐降低。从瞬间断裂区可观察到大量的韧窝和孔洞特征，属韧性断裂。

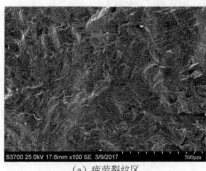

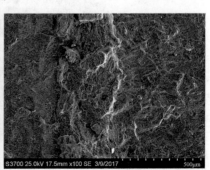

（a）疲劳裂纹区　　　　　　　　　　　（b）裂纹扩展区

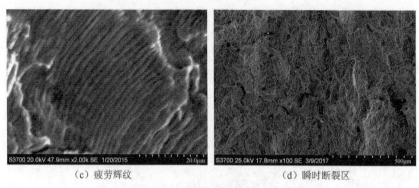

（c）疲劳辉纹 （d）瞬时断裂区

图 9-6 室温断裂韧性试验的断口形貌 SEM 图

如图 9-7（a）和（b）所示，试样加热至 300℃保温 1h 空冷，接着在 25℃下进行冲击后，试样断口内部存在大量的韧窝，断裂机制属于韧性断裂。

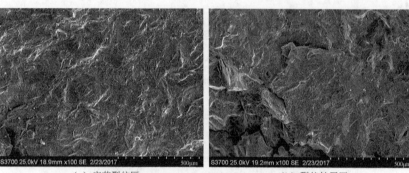

（a）疲劳裂纹区 （b）裂纹扩展区

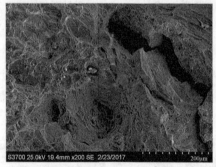

（c）瞬时断裂区

图 9-7 300℃热处理试样断口形貌 SEM 图

如图 9-8 所示，试样加热至 600℃保温 1h 后进行断裂韧性试样可知，断口由大量的冰糖状花样组成，冰糖状花样之间存在微小裂纹，断裂机制为沿晶脆性断裂。在 600℃以上进行热处理时，晶界会析出脆性相 $M_{23}C_6$。析出物与基体之间析出位置是影响韧性的主要因素。当析出物在晶界上析出，析出物在晶界附近偏聚而降低有效表面能，析出物将形成空位形核中心。析出物的产生使连续的孔洞和裂纹合并，从而使裂纹不断扩展而形成大裂纹。在材料发生塑性变形过程中，析出物脱落、破碎导致孔洞的出现，随着变形量的增加，孔洞附近的区域产生大量的位错塞积，以孔洞为中心萌生裂纹，裂纹沿大致拉应力的方向不断扩展而形成大裂纹。大裂纹的产生和扩展使裂纹附近的应力集中得到释放，阻碍了其他方向裂纹的扩展和孔洞的产生，同时促进并加速扩展方向的微裂纹和微孔洞的进一步产生。随着裂纹的加速扩展，断裂韧性会出现明显的下降[10-12]。

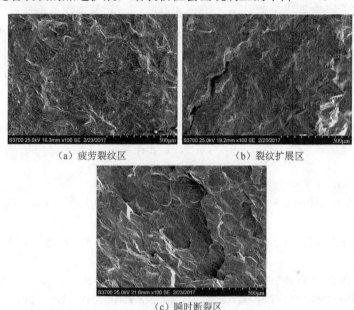

（a）疲劳裂纹区　　　　　　　　（b）裂纹扩展区

（c）瞬时断裂区

图 9-8　600℃热处理试样断口形貌 SEM 图

综合以上分析结果，1Mn18Cr18N 奥氏体不锈钢的断裂过程表现为：断口形貌以滑移为主要特征的裂纹尖端的延伸过程和断口形貌以韧窝为主要特征的延性裂纹的启裂过程，两个过程交叉反复出现。为了使材料裂纹尖端附近的体积保持恒定，裂纹承载体处于平面应力状态，裂纹尖端张开时，必须通过向前滑动进行少量的扩展，形成"延伸带"。随着载荷的不断增大，延伸带逐渐长大；同时，裂纹尖端由于发生塑性变形而产生变形强化，裂纹尖端的受力状态发生改变，由平面应力状态向平面应变状态改变。当载荷继续增大到一定程度时，裂纹尖端区域会发生较大的塑性变形，由于夹杂物、第二相粒子与晶粒变形程度不同，在夹杂物、第二相粒子周围几何不连续处优先萌生微孔洞，随着载荷的继续增加，微孔洞不断长大、聚集。当载荷达到某一门槛值时，处于平面应变状态的裂纹尖端与其前端的塑性孔洞连接在一起，这称为"纤维启裂"[8]。1Mn18Cr18N 奥氏体不锈钢的裂纹尖端区域塑性较好，产生的新裂纹尖端的附近区域材料尽管有一定程度的塑性变形，但发生微孔的萌生、长大与聚集的情况较小，裂纹在长大的过程中，新的裂纹尖端先以延伸的方式扩展，当延伸达到一定程度后才会发生启裂，启裂的过程在延伸之后。因此，裂纹的生长过程是裂纹尖端的延伸与延性裂纹启裂交替作用的结果。

9.4　本　章　小　结

（1）随着热处理温度的升高（100～400℃），J_{IC}基本保持不变；当热处理温度升高至 550℃时，J_{IC}逐渐降低。当热处理温度升高至 600℃时，由于试样迅速断裂，而导致 J_{IC}无法测出。

（2）随着热处理温度的升高，断裂形式逐渐由韧性断裂转变为脆性断裂。

参 考 文 献

[1] 张志明. 金属材料断裂韧性的研究[D]. 上海：上海交通大学，2011：45-72.

[2] 赵章焰，吕运冰，孙国正. J积分法测量低碳钢 Q235 的断裂韧性 K_{IC}[J]. 武汉理工大学学报，2002，24（4）：111-112.

[3] 董达善，朱晓宇，梅潇. 基于 Abaqus 柔度标定法的 Q235 材料断裂韧性仿真[J]. 计算机辅助工程，2012，21（4）：40-42.

[4] 马最眉. 18-18 新型护环钢的应用特性[J]. 大电机技术，1991（2）：22-26.

[5] 蒋玉川. 弹塑性断裂力学之 J积分与复合型裂纹扩展断裂准则的研究[D]. 成都：四川大学，2004：1-2.

[6] 石亦平. ABAQUS 有限元分析实例详解[M]. 机械工业出版社，2006：20-25.

[7] 王仲仁，苑世剑，胡连喜，等. 弹性与塑性力学基础[M]. 哈尔滨：哈尔滨工业大学出版社，2007.

[8] 许晓静，陈铮. 奥氏体不锈钢弹塑性断裂行为的研究[J]. 华东船舶工业学院学报，1993，7（4）：30-35.

[9] 张银花，周清跃，陈朝阳，等. U71Mn 钢轨低温性能试验研究[J]. 铁道学报，2005，27（6）：21-27.

[10] 凌敏. GD-1 高强韧新材料的断裂特性研究[D]. 贵阳：贵州大学，2007：48-50.

[11] 刘强，江海涛，唐荻，等. TRIP 钢中残余奥氏体相变与断裂机制研究[J]. 塑形工程学报，2009，16（1）：156-161.

[12] 王晓南. 热轧超高强汽车板析出行为研究及组织性能控制[D]. 沈阳：东北大学，2011：92-107.

附　　录

1. 书中出现的主要物理量说明

符号	说明	符号	说明
E	弹性模量	$\Delta\varepsilon_e$	真实弹性应变范围
J	Rice 定义的 J 积分	$\Delta\varepsilon$	真实总应变范围
J_{1C}	J 积分的临界值（延性断裂韧性）	R	应力比，$R = S_{min}/S_{max}$
J_2	应力偏量第二不变量	σ_f'	疲劳强度系数
K	应力强度因子	n'	循环应变硬化指数
R_m	抗拉强度	ε_f'	疲劳延性系数
$R_{p0.2}$	非比例延伸强度	K'	循环强度系数
Z	断面收缩率	Q	热变形激活能
A_5	5 倍标距的断后延伸率	μ	剪切弹性模量
v	泊松比	N_f	失效循环周次
$\Delta\varepsilon_p$	真实塑性应变范围	—	—

2. 测量护环速度温度等信息的电路框架图

目前关于护环的检测，需要停机检测，成本很高。如果能在护环上布置温度、应力和速度等传感器，将传感器检测到数据通过通信模块发送至处理器，然后通过相关的计算模型，计算出护环运行状态中的应力、应变、疲劳性能和组织变化，从而可以实时监控护环的运行状态，避免频繁启停机对部件的损伤，为护环的运行、维修提供科学有效的决策依据。进一步，可以将众多护环的相关信息通过物联网收集起来，然后通过云服务发送至监控端，形成护环在运行状态、后续维修方面的大数据，为掌握护环的运行过程中的动力学和运动学规律提供坚实的保障。图 A-1 为测量护环速度、温度等信息的电路框架图。

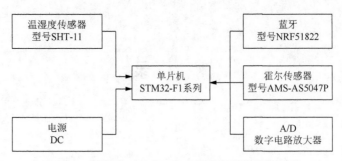

图 A-1　测量护环速度、温度等信息的电路框架图

后　记

　　联合国工业发展组织（United Nations Industrial Development Organization，UNIDO）和国际标准化组织（International Organization for Standardization，ISO）在 2006 年提出，计量、标准、合格评定（包括：检验检测和认证认可）共同构成一个国家的质量基础。计量是控制质量的基础、标准引领质量提升和合格评定建立质量信任、三者相互支撑和联系，共同构成完整的链条，共同促进产品质量的发展。计量是标准和合格评定的基准；标准是合格评定的依据，是计量的重要价值体现；合格评定是推动计量溯源水平提升和标准实施的重要手段。世界科技经济较量在很多领域里体现为技术标准的竞争。当下，国家十分重视标准化工作的进行，产品标准的制定对于保护民族企业、促进产品走出去以及设置国外产品进入国内市场的准入门槛等都将起到非常重要的作用。

　　在发电设备关键部件国产化过程中，我们深切地感受到标准的重要性，同时我们也认识到国产化工作过程中所积累的实验数据对于标准内容的支撑是必不可少的。只有通过自主研发制造，才能够在建立标准中的各项技术指标时有据可依；只有掌握标准制定的主动权，才能掌握产品生产和行业引领的话语权，软件硬件兼备是国之重器可持续发展的客观需求。目前，中国的国标和行标中的一部分标准是国外标准直接转化而来，其中一些关键数据和试验方法是直接采用的，不能完全体现中国企业的生产和科技状况水平，在标准执行时，也存在水土不服的情况。为此提出以下建议：

　　（1）加大国产护环材料的研发力度。未来几年，核电产品和可变速抽水蓄能产品将成为国内外发电设备市场的主要产品之一，我们应消化和吸收常规火电机组用护环的国产化经验，将核电产品用直径 2 米以上高强度护环的国产化工作作为护环类产品升级制造的研究方向；另外，对于可变速抽水蓄能机组而言，护环材料的直径将达到 5 米以上，我们应加大科研及制造设备的投入力度，对该类护环材料的制造工艺、产品质量均匀性及原材料开展不断研究，争取早日攻克大尺寸高强度护环国产化制造的技术难关，助力国内水电、火电、核电事业的蓬勃发展。

　　（2）加快国内护环原创标准的发布与实施。目前国内使用的护环检测标准主要内容是从美国、德国、日本等先进企业护环标准转化而来，不能完全真实的体现国内产品的设计需求以及国内制造的技术特点和生产工艺实际情况。除了原有的技术要求，建议在标准中加入适合国内不同行业护环产品需求的性能等级、装配指导工艺和产品使用方法等相关的内容，这将从很大程度上丰富标准内容，同时可以增加标准的原创程度。通过对国内标准制定后一定阶段的实际应用情况进行分析并对标准内容进一步完善后，建议通过积极参与国内外项目竞标和相关标准化会议，推动国内护环标准成为国际标准，为国内护环产品占领国际市场提供技术支撑。

（3）加强国内护环制造配套企业的发展与技术能力提升。在护环国产化研究过程中我们发现，国内护环制造配套企业的数量较少，技术能力有待于进一步提高。一个产业的发展仅仅依靠几个甚至一两个企业的努力是远远不够的，随着国有大型企业制造设备和能力的不断提升，很多企业已完全具备护环制造的硬件设备，同时也有部分企业曾对护环制造进行过前期摸索，在此我们特别建议能够加强对护环制造配套企业的科研及制造的支持力度，使得高铁、发电设备等国之重器用关键产品部件从原材料生产到后期的热处理及加工工艺均具备成熟先进的配套能力，这对于促进我国护环类尖端产品技术能力的不断进步具有非常重要的意义。